3D打印项目教程

3D Dayin Xiangmu Jiaocheng

■ 赖周艺　朱铭强　郭　峤　编著

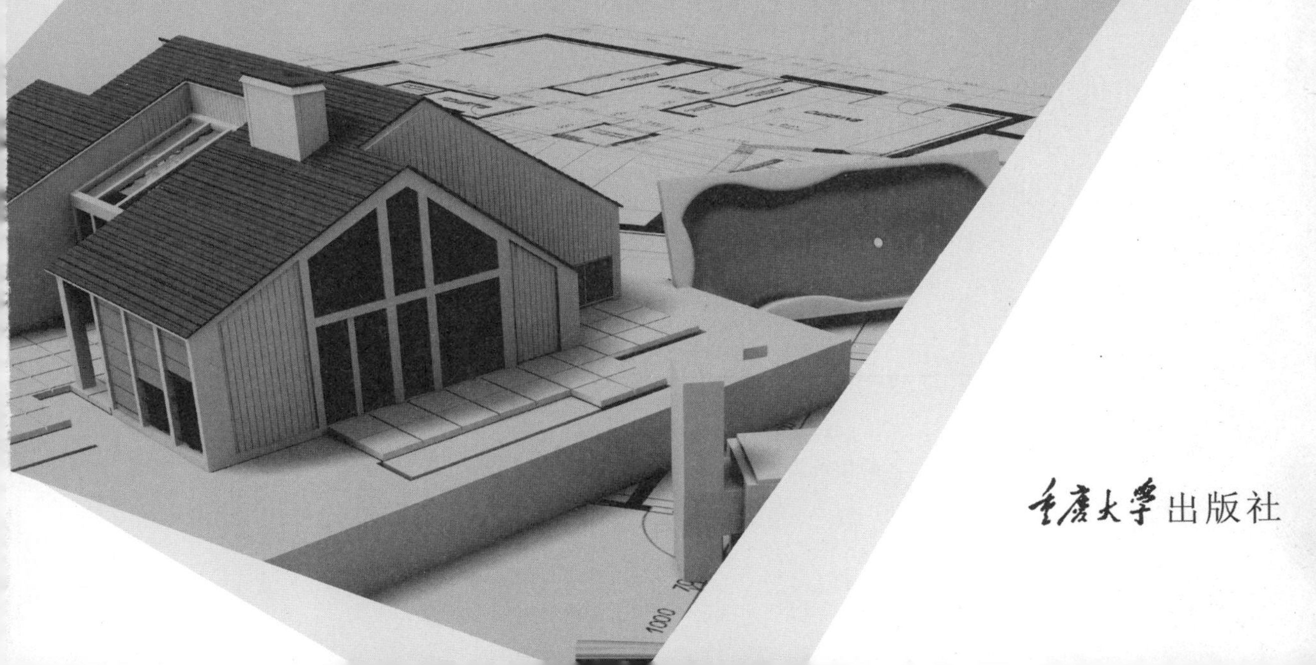

重庆大学出版社

内容提要

本书介绍了桌面级3D打印的相关知识与操作。本书按模块式教学方法组织内容，分成5个项目19个任务，包含3D打印概况、3D打印基本应用、3D打印参数调整、3D打印高级应用、3D打印设备维护与打印常见问题处理等。

本书可用于高等院校机械制造、工业设计及相关专业的教学，也可作为企业培训用书。

图书在版编目(CIP)数据

3D打印项目教程 / 赖周艺，朱铭强，郭峤编著. —重庆：重庆大学出版社，2015.2(2023.8重印)

ISBN 978-7-5624-8868-2

Ⅰ.①3… Ⅱ.①赖…②朱…③郭… Ⅲ.①立体印刷—印刷术—高等职业教育—教材 Ⅳ.①TS853

中国版本图书馆CIP数据核字(2015)第031740号

3D打印项目教程

赖周艺 朱铭强 郭 峤 编著

策划编辑：鲁 黎

责任编辑：文 鹏 曾春燕 版式设计：鲁 黎

责任校对：邬 忌 责任印制：张 策

*

重庆大学出版社出版发行

出版人：陈晓阳

社址：重庆市沙坪坝区大学城西路21号

邮编：401331

电话：(023) 88617190 88617185(中小学)

传真：(023) 88617186 88617166

网址：http://www.cqup.com.cn

邮箱：fxk@cqup.com.cn (营销中心)

全国新华书店经销

重庆升光电力印务有限公司印刷

*

开本：787mm×1092mm 1/16 印张：10 字数：153千

2015年2月第1版 2023年8月第6次印刷

ISBN 978-7-5624-8868-2 定价：45.00元

序

3D 打印技术(3D Printing Technology)起源于20世纪80年代出现的快速原型制造技术。依据计算机的三维设计和三维计算,通过软件和数控系统,将特制材料以逐层堆积固化,逐层增加材料,从而生成3D实体,是一种“材料增加过程”,它是一种全新的制造方式,是一项新兴技术。3D 打印技术近年来发展迅速,被认为是最近20年来世界制造技术领域的一次重大突破。

3D 打印技术的发展与应用,把当前在科学研究、技术研发和文化娱乐等领域发挥了重要作用的“虚拟世界”带回“现实”。借助于3D 打印技术,计算机虚拟世界中大量由数学公式和物理定律生成的物体,几乎可以不经过专业技术人员的再处理,就直接转化为现实世界存在的物体。因此,3D 打印技术是纽带,它使虚拟(数字、网络)世界、现实(物理)世界与人(设计者、生产者和消费者)密切联系起来,形成了前所未有的信息回路,必将对社会发展产生深远影响。

我国3D 打印技术正处在快速成长期,应用范围不断扩大。清华大学、华中科技大学、西安交通大学是国内最早进行3D 打印研发的单位,主要进行分层实体制造、熔融沉积、光固化成形等技术的研发及成形系统的研制;国内部分企业依靠高校科研成果,在一定程度上实现了3D 打印设备的产业化。

目前国内3D 打印人才极度匮乏,教育培训的标准与教材亟待开发。

赖周艺、朱铭强和郭峤三人编著的3D 打印教材的出版,无疑对3D 打印人才的培养,对3D 打印技术的推广做了一件大好事。他们对众多相关3D 打印的文献资料进行了认真的分析梳理,并结合自己的实际打印经验编写了该教材。

他们根据当前高等大专院校培养社会急需应用型人才的教学要求，设计了典型的教学项目，全面介绍桌面级3D打印机的各种应用，使读者能全面而系统地掌握3D打印机的操作，独立完成各种模型的打印成形。

该教材语言流畅，逻辑清晰，结构安排合理，不仅适合于职业技术学院教学，也适合于本科教学和各行各业对3D打印有兴趣的自学者自学。我相信，该教材的出版将为开展3D打印教学和推动3D打印发展发挥积极的作用！

谨以此为序。

重庆理工大学材料工程学院　胡亚民

2014年9月10日于山东泰安

前言

随着世界经济的全球化与知识化不断加快，制造业已逐步从传统的离散型制造向绿色智能型先进制造转变。3D 打印技术作为一项可能使全球制造业面目一新的新兴技术，近年来发展迅速并受到广泛重视。英国《经济学人》杂志认为，3D 打印将与其他数字化生产模式一起，推动实现新的工业革命——“第三次工业革命”，美国《时代》周刊将 3D 打印列入美国十大增长最快的工业。根据国际快速制造行业权威报告《Wohlers Report 2011》发布的调查结果，全球 3D 打印产业的产值在 1988—2010 年保持 26.2%的高速年均增长速度。世界 3D 打印技术产业联盟秘书长罗军在 2014 世界 3D 打印技术产业大会上指出，2013 年全球 3D 打印的产值 30 多亿美元（国内 3 亿美元）；2014 年全球规模有望突破 60 亿美元（国内 6 亿美元）；预计 2016 年，全球规模将突破 100 亿美元（国内 10 亿美元）；3D 打印技术将在 2020 年前全面实现产业化。

在 2011 年以前，市面上出售的绝大多数 3D 打印机为工业级 3D 打印机，价格为几十万甚至几百万元人民币。自 2011 年起，低成本（价格降至几万甚至几千元人民币）而又方便携带的桌面级 3D 打印机开始风靡，在拉低了 3D 打印技术应用门槛的同时，让这一项技术走进教育，走入生活。

3D 打印人才极度匮乏，教育培训的标准与教材亟待开发。我们广泛涉猎相关文献，并系统梳理打印经验，编写本教材，以满足社会系统性培养应用人才的需求。我们通过设计 5 个典型的训练项目，全面介绍桌面级 3D 打印机的各种应用，使操作者能全面而深入地掌握 3D 打印机的操作，能独立完成各种模型的打印成形。

本书由赖周艺、朱铭强、郭峤编著，北京太尔时代科技有限公司林卓鹏，佛山力尚三维打印科技有限公司黄冠锋、伍力尚和深圳信息职业技术学院姜俊侠、肖永山、刘秀娟等同志参与了部分章节的编写和修改。重庆理工大学胡亚民教授审阅了全部书稿。

本书在编写过程中，得到了深圳信息职业技术学院、佛山力尚三维打印科技有限公司和北京太尔时代科技有限公司的大力支持和帮助，作者在此表示衷心感谢。

由于时间仓促，水平有限，不当之处敬请专家与广大读者批评指正。

编　者

2014 年 8 月

项目1　认识3D打印

项目2　3D打印基本应用

项目3　3D打印参数调整

项目 4 3D 打印高级应用

项目5 3D打印设备维护、常见打印问题及改善

项目1
认识3D打印

任务 1.1 认识 3D 打印

1.1.1 3D 打印的重要意义

3D 打印技术（3D Printing Technology）起源于 20 世纪 80 年代出现的快速原型制造技术，依据计算机的三维设计和三维计算，通过软件和数控系统，将特制材料以逐层堆积固化、叠加成形的方式逐层增加材料，从而生成 3D 实体，因此也被称为“增材制造”，是一种全新的制造方式；被认为是最近 20 年来世界制造技术领域的一次重大突破。

3D 打印技术的发展与应用，把当前在科学研究、技术研发和文化娱乐等领域发挥了重要作用的“虚拟世界”带回“现实”。借助 3D 打印技术，计算机虚拟世界中大量由数学公式和物理定律生成的物体，几乎可以不经过专业技术人员的再处理即可直接转化为现实世界存在的物体。3D 打印技术使虚拟（数字、网络）世界、现实（物理）世界与人（设计者、生产者和消费

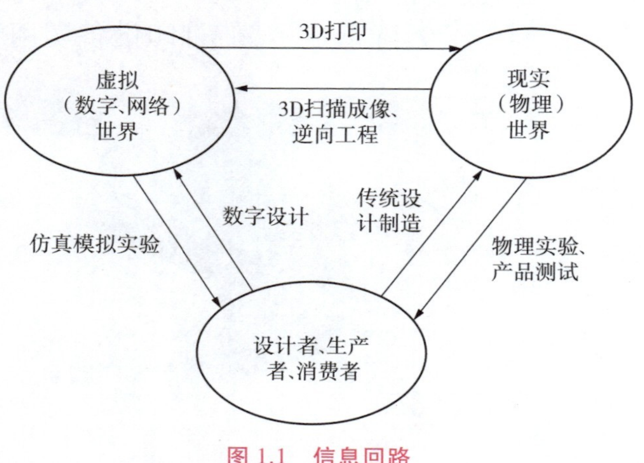

图 1.1 信息回路

者）密切联系起来，形成了前所未有的信息回路（如图 1.1 所示）将对未来产生深远影响：

①扩展工业设计的可行性边界，人们可以直接制造出大量形状奇异、结构精细、具有工程学或美学意义的特殊形体。

②加速产品与技术更新，人们通过“数字设计+3D 打印”的产品设计和测试新过程，可以获得比仿真模拟试验更可靠的测试结果，同时比传统设计制造普遍采用的物理实验和产品测试更快捷。

③促进产品设计，人们可以借助 3D 扫描成像和逆向工程等技术手段，快速从现实世界中借鉴某些物理结构，直接转化为产品设计和 3D 打印制造方案。

1.1.2 3D 打印的发展现状

美国、日本、德国、韩国及欧洲进入 3D 打印领域较早，是拥有 3D 打印技术专利最多的国家和地区。国外 3D 打印已经历萌芽期、稳步增长期和快速增长期，目前处在技术相对成熟期。美国、德国等发达国家高度重视并积极推广 3D 打印技术，其商品化 3D 打印设备如图 1.2 所示。2012 年 8 月，美国政府宣布，将在俄亥俄州建立制造业创新研究所，主要研发 3D 打印技术。2013 年 2 月，奥巴马在国情咨文中宣布，投入 5 亿美元推动 3D 打印。目前国外 3D 打印研究的技术主题主要是研发新的成形材料、成形工艺及打印设备，扩大技术的应用范围、简化工艺、降低成本，使打印设备实用化，提高打印制品的精度。

(a)美国3D Systems公司

(b)美国Stratasys公司

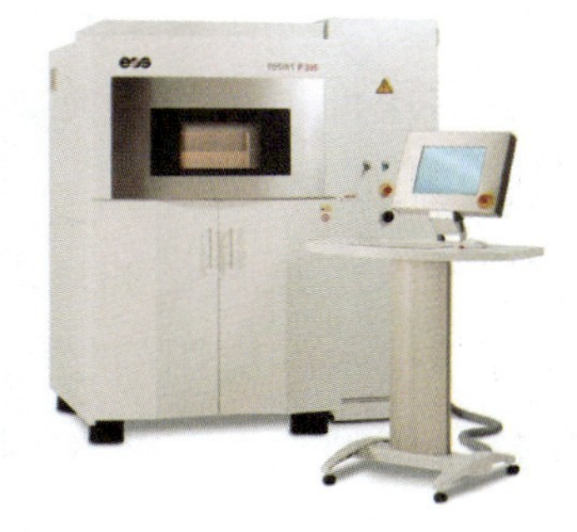

(c)德国EOS公司

图 1.2 外国产 3D 打印设备

国内3D打印技术较国外发展存在一定差距,处在该领域的快速成长期,技术分布范围扩大,正向产业化阶段迈进。清华大学、华中科技大学、西安交通大学是国内最早进行3D打印研发的单位,科研团队主要包括清华大学颜永年团队、华中科技大学史玉升团队、西安交通大学卢秉恒团队以及北京航空航天大学王华明团队等。国内研究内容主要是基于分层实体制造、熔融沉积、光固化成形等技术的研发及成形系统的研制;部分企业(北京太尔时代、西安恒通智能机器、武汉滨湖机电)依靠高校科研成果已实现3D打印设备一定程度上的产业化,但规模仍在扩大。图1.3所示为国产的部分3D打印设备。

(a)北京太尔时代公司

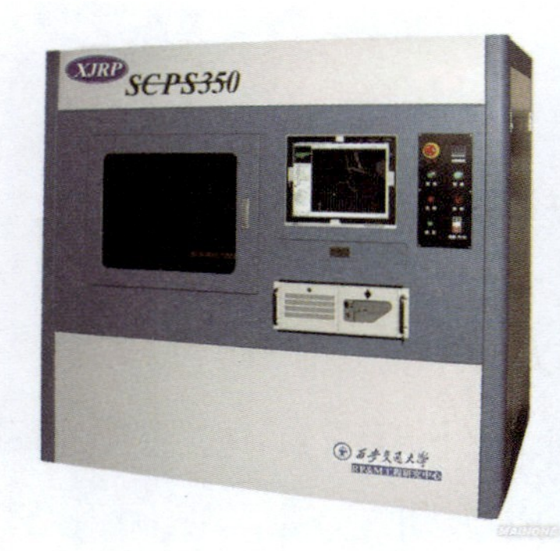

(b)西安恒通智能机器公司

(c)武汉滨湖机电公司

图1.3　国产3D打印设备

1.1.3　3D打印机的分类

按照应用层次分类,3D打印机可分为工业级和桌面级,前者先诞生。工业级3D打印机,主要用于科研和企业生产,体积庞大而且价格昂贵。在2011年以前,市面上出售的绝大多数3D打印机为工业级3D打印机,价格为几十万甚至几百万元人民币。自2011年起,低成本(价格降至几万甚至几千元人民币)而又方便携带的桌面级3D打印机(如图1.4所示)开始风靡,在拉低了3D打印技术的应用门槛的同时,让这一项技术走进教育,走入生活。桌面级3D打印机是大型工业3D打印机的简化和小型化,成本更低廉,操作更简便,更加适用于分布化生产、设计与制造一体化的需求。目前桌面级3D打印机在实用化方面亟待发展,研究打印材料的性能和工艺参数对打印精度的影响,提高打印效率,是今后我国3D打印技术的研究重点。

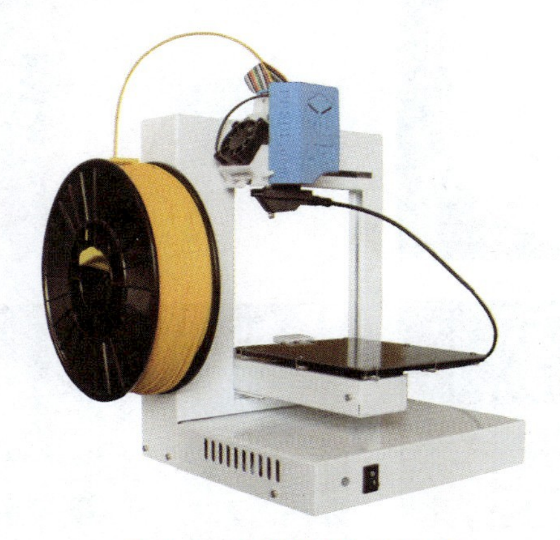

图1.4 桌面级3D打印机

1.1.4 桌面级3D打印机的应用

目前,桌面级3D打印机正被迅速推广应用到建筑设计、工业设计、机械设计、电影动漫、模具设计、玩具设计、艺术设计等各个领域,打印得到各种各样的模型(如图1.5所示),用作产品样本和用于设计评审、机能测试及装配试验等。3D打印机在欧美大学里几乎就是制造物理模型必不可少的工具,主要应用有:

①机械工程学院:3D打印机可完整地将计算机中的数字模型转换为实物模型,使学生可以直观地评估自己的设计成果,从而提高学生的设计创造能力。

②建筑工程学院:3D打印机可将整栋建筑物模型分批打印,最后组装成形,使学生的设计模型从平面展示时代推至三维时代。

③工业设计学院:3D打印机可使学生突破制造工艺的限制,从而获得任何复杂的工业模型。

④美术学院:3D打印机可将设计的美术模型以三维方式呈现,使学生可从后期的评论反馈中继续提高设计水平。

图 1.5　3D 打印模型

1.1.5　桌面级 3D 打印机的主流技术

目前桌面级 3D 打印机普遍采用熔融堆积成形（FDM）或立体激光固化成形（SLA）成形技术。

FDM（Fused Deposition Modeling），即熔融堆积成形，其原理如图 1.6 所示，主要采用丝状材料（石蜡、金属、塑料、低熔点合金）作为原材料，将加热的材料从喷头里挤出，在温度低于材料熔点的工作台上，迅速形成一层薄片轮廓截面，然后工作台下降一定高度（即层厚），喷头继续挤出加热材料，这样逐层堆积，最终成形三维产品零件。FDM 的优势有：操作环境干净、安全，可以在办公室环境下进行，表面质量好，易于装配，可以快速构建实体或中空零件；原材料以卷轴丝的形式提供，易于搬运和快速更换，材料费用低，材料品种多（如可染色的 ABS 和 PLA 等），材料利用率高。存在的技术不足有：零件表面精度较低,成形速度相对较慢,不适合构建大型零件。目前 FDM 成形技术被广泛应用于桌面级 3D 打印机:如美国 Maker Bot 公司的 Replicator2(如图 1.7(a)所示),3D Systems 公司的 Cube X Duo(如图 1.7(b)所示)和中国北京太尔时代公司的 UP Plus 2(如图 1.4 所示)。

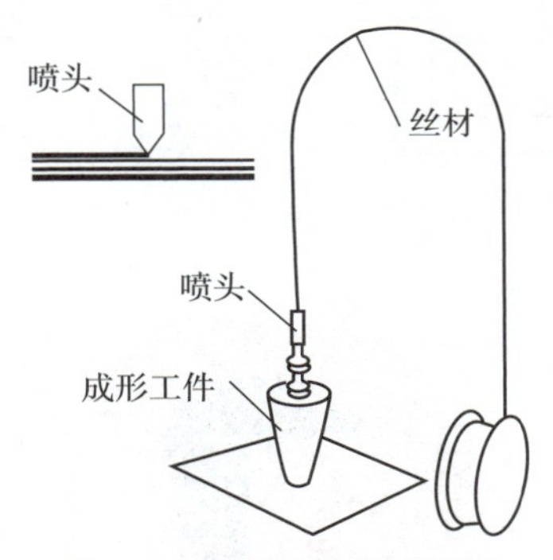

图 1.6 熔融挤出成形原理

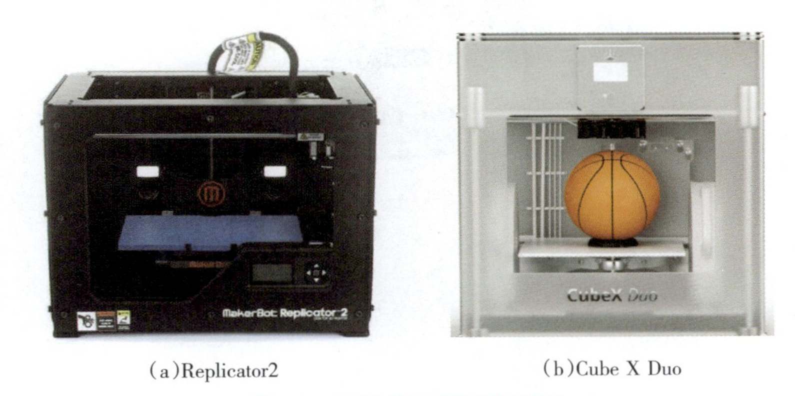

(a)Replicator2　　(b)Cube X Duo

图 1.7 FDM 桌面级 3D 打印机

SLA(Stereo Lithography Appearance),即立体激光固化成形,其原理如图 1.8 所示,利用激光逐层照射液态光敏树脂使其固化,使之以由点到线、由线到面的顺序凝固,完成一个层面的成形,然后升降台在垂直方向移动一个层片高度,再固化另一个层面;这样层层叠加构成一个三维实体。立体激光固化成形是目前研究得最多的方法,也是技术上最为成熟的方法,它的优势在于技术成熟度高、精度高,但设备造价贵,使用和维护成本高,对工作环境要求苛刻(对温度和湿度要求严格)。目前采用 SLA 技术的桌面级 3D 打印机,主要为美国 Form Labs 公司的 Form 1 机型,如图 1.9 所示。

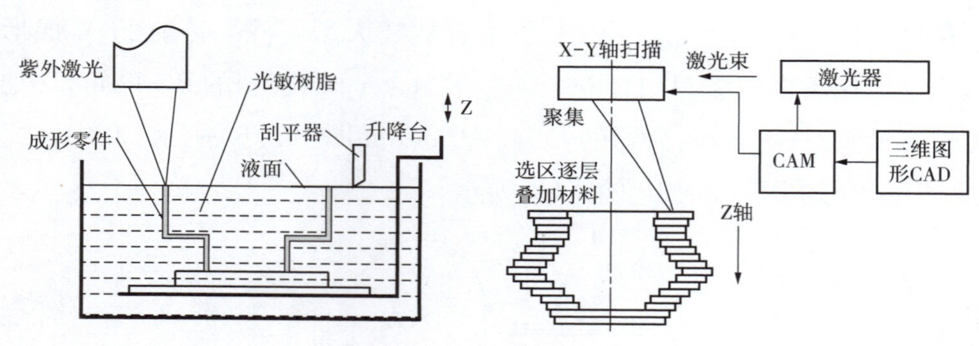

图 1.8 光固化成形原理

图 1.9 SLA 桌面级 3D 打印机

任务 1.2 认识 3D 打印机-UP Plus 2

1.2.1 3D 打印机介绍

北京某企业生产的 UP Plus 2 为目前国内主流桌面级 3D 打印机，因其操作简易和打印性能稳定，曾获美国制造杂志《MAKE》2012 年最佳整体体验奖(Best Overall Experience Award)和 2013 年度消费者最易使用奖(Best in Class:Just Hit Print)。该 3D 打印机的结构简图如图 1.10 所示，主要配件如图 1.11 所示。其主要零部件的作用见表 1.1。UP Plus 2 打印机的打印范围为 140 mm×140 mm×135 mm。

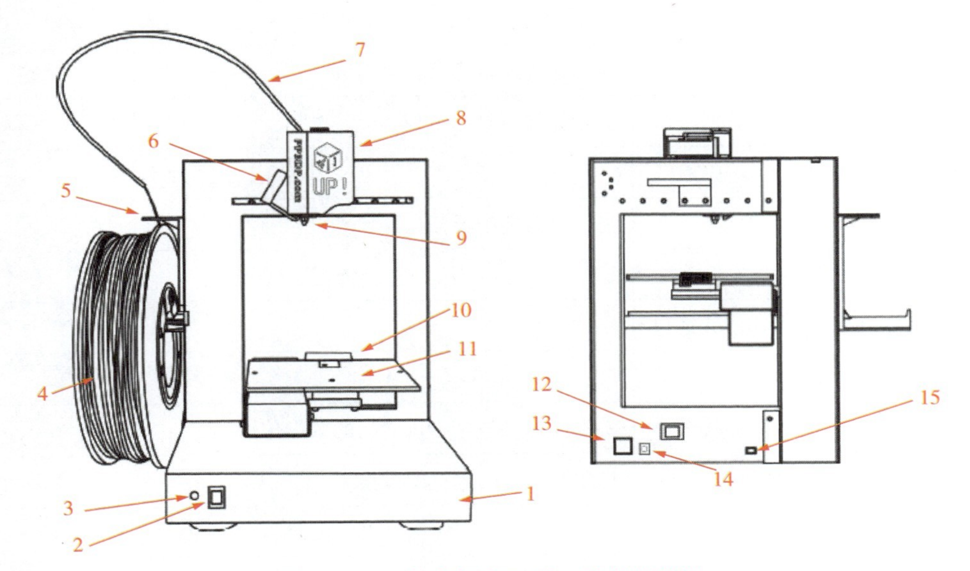

图 1.10 3D 打印机(UP Plus 2)结构简图

1—基座 2—初始化按钮 3—信号灯 4—丝材 5—丝材支架 6—风扇 7—送丝管 8—喷头 9—喷嘴 10—自动对高块 11—打印工作台 12—电源开关按钮 13—电源插口 14—3.5 mm 双头线插口 15—USB 数据连接线插口

(a)电源适配器

(b)USB数据连接线

(c)打印平板

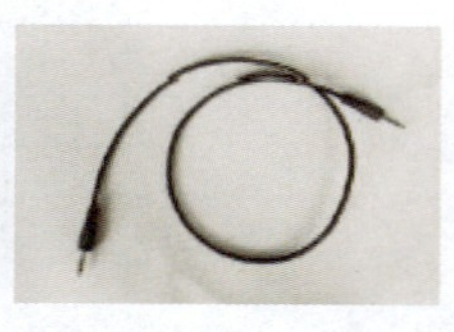

(d)3.5 mm双头线

(e)水平校准器

图 1.11 3D 打印机(UP Plus 2)主要配件

表 1.1 3D 打印机(UP Plus 2)的主要零部件

序号	名称	作用
1	基座	支撑机身,内部放置线路板
2	初始化按钮	按一次,对打印机进行手动初始化;连续按两次可实现脱机重复打印;长按关闭打印机
3	信号灯	显示打印机工作状态
4	丝材	打印用原材料
5	丝材支架	放置打印用的丝材
6	风扇	冷却喷头与成形模型
7	送丝管	引导丝材至喷头,对丝材起导向作用
8	喷头	运送并熔融丝材
9	喷嘴	喷出设定直径(ϕ0.4 mm)的熔融丝材
10	自动对高块	对打印工作台进行自动对高
11	打印工作台	放置并加热打印平板
12	电源开关按钮	
13	电源插口	连接电源适配器插口
14	3.5 mm 双头线插口	
15	USB 数据连接线插口	
16	电源适配器	
17	USB 数据连接线	实现计算机与打印机之间的数据传输
18	打印平板	打印过程中固定打印模型
19	3.5 mm 双头线	
20	水平校准器	对打印平板进行水平校准

1.2.2 安装 3D 打印机及控制软件

(1)安装打印平板

如图 1.12 所示,将打印平板置于打印工作台上,然后拨动工作台边缘的8个弹簧以固定打印平板。

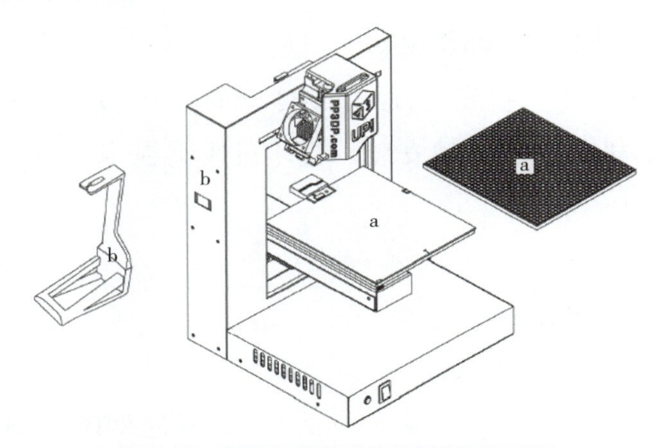

图 1.12 安装打印平板与丝材支架示意图

(2)安装丝材支架

将丝材支架背面的开口插入机身左侧的插槽中,然后向下推动以固定。

(3)安装丝材

如图 1.13 所示,将丝材挂在丝材支架上,牵引丝材穿过丝材支架的顶部

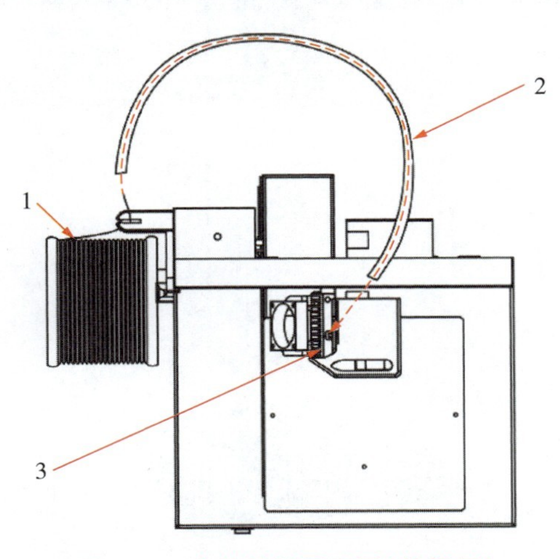

图 1.13 安装丝材示意图(俯视图)

1—丝材 2—送丝管 3—喷头丝材入口

限位槽,穿过送丝管,插入打印机喷头的丝材入口。

(4)连接电源

将电源适配器连接打印机和电源插板,使打印机通电。

(5)连接USB数据线

将USB数据线分别插入打印机插口和计算机插口,使打印机与计算机连接。

(6)安装打印机控制软件及驱动

将随机光盘放入计算机光驱,运行UP! Setup.exe安装文件,并安装到指定目录,完成打印机控制软件的安装。打印机驱动在安装目录,默认为“c:\ProgramFiles\UP\Driver”。

1.2.3 3D打印机控制软件

单击计算机桌面上的图标 UP! 启动程序,主界面如图1.14所示,从上至下分别显示软件版本信息、主菜单、标准(Standard)工具条、工作区和状态栏,工作台位于工作区中央;工作台的XYZ坐标方向与图1.15所示打印机的坐标一致。3D打印机控制软件菜单树如图1.16所示,菜单各选项的功能简介

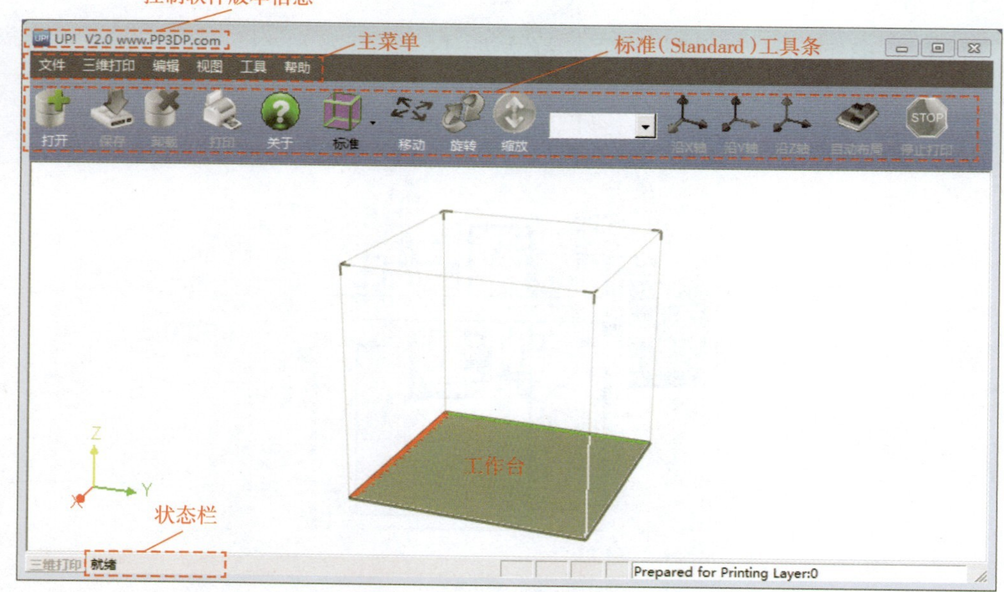

图1.14 3D打印机控制软件界面

见表 1.2，具体功能将在后续项目中结合具体任务进行介绍。

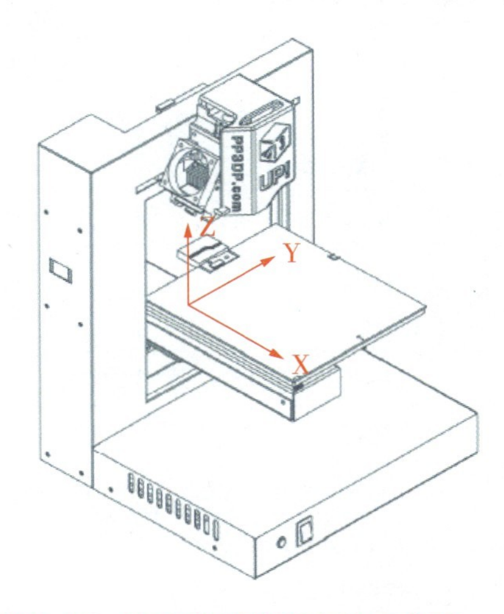

图 1.15　3D 打印机坐标方向示意图

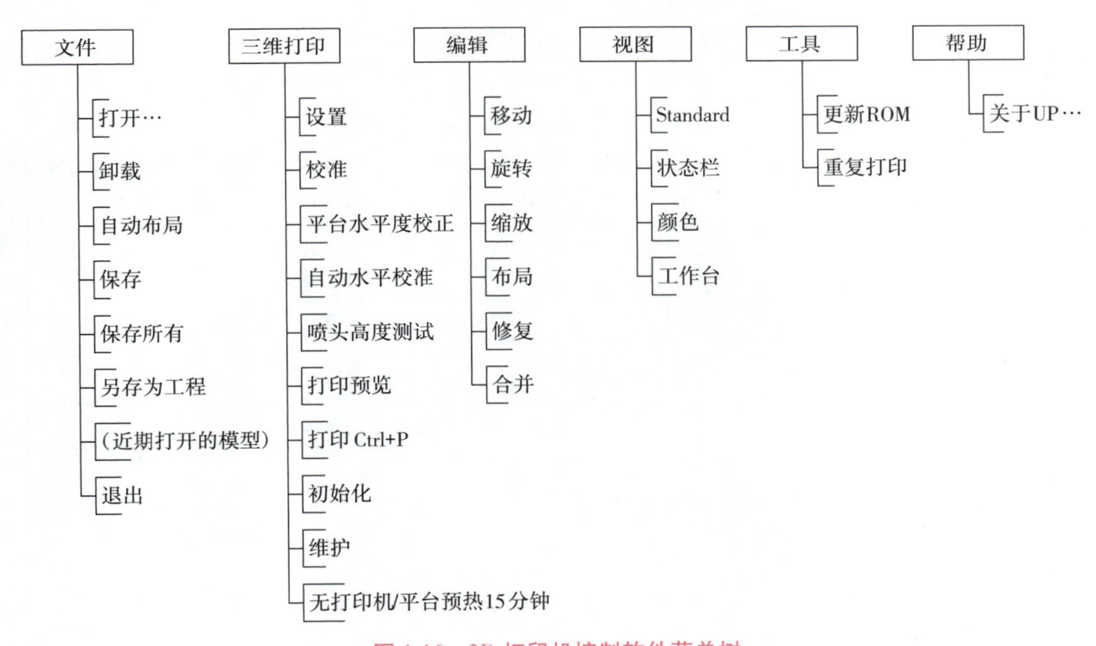

图 1.16　3D 打印机控制软件菜单树

表 1.2　3D 打印机控制软件菜单各项功能

主菜单	二级菜单	功能介绍
文件	打开…	载入打印模型，支持格式为 SLT、UP3 和 UPP
	卸载	将已载入的打印模型卸载
	自动布局	激活该选项，系统将自动把新载入的模型布局至系统默认最佳位置

续表

主菜单	二级菜单	功能介绍
文件	保存	将选定模型保存为UP3格式,不含打印参数
	保存所有	对平台内多个模型进行保存,每个模型重新生成单独的UP3格式文件,不含打印参数
	另存为工程	将模型及打印参数进行保存,UPP格式
	退出	
三维打印	设置	设定3D打印工艺参数“片层厚度”“填充模式”等
	校准	打印系统提供的校准模型,对打印机进行尺寸校准
	平台水平度校正	借助配件“水平校准器”对打印工作台进行手动水平校准
	自动水平校准	借助配件“水平校准器”对打印工作台进行自动水平校准
	喷头高度测试	借助“自动对高块”测试喷头高度
	打印预览	预测打印时间和所需耗材重量
	打印	设置打印参数并向打印机输送打印指令
	初始化	初始化打印机,使打印喷头和打印工作台返回打印机初始位置
	维护	观察喷头和打印工作台温度,进行丝材挤出与撤回,进行喷头移动等
	无打印机/ 平台预热 15分钟	当计算机与打印机无连接时,显示“无打印机” 当计算机与打印机连接时,显示“平台预热15分钟”,单击可对打印机工作台进行预热15分钟
编辑	移动	对打印模型进行移动,改变其在工作台的布局
	旋转	对打印模型进行旋转,改变其在工作台的布局
	缩放	对打印模型进行放大或缩小
	布局	将工作台内的模型自动布局至系统默认最佳位置
	修复	修复模型损坏的表面,保证模型所有面均朝外
	合并	将工作台上所有模型合并为一个整体
视图	Standard	显示/隐藏“标准(Standard)工具条”
	状态栏	显示/隐藏“状态栏”
	颜色	对“模型”“工作台”和“背景”等进行颜色设定
	工作台	显示/隐藏“工作台”
工具	更新ROM	更新打印机内存中的打印数据
	重复打印	对上一次打印的模型进行重复打印
帮助	关于UP…	显示软件版本信息

模型载入后,如图1.17所示,在模型上单击鼠标左键,可查看模型信息;在模型上单击鼠标右键可以进行模型卸载和复制。

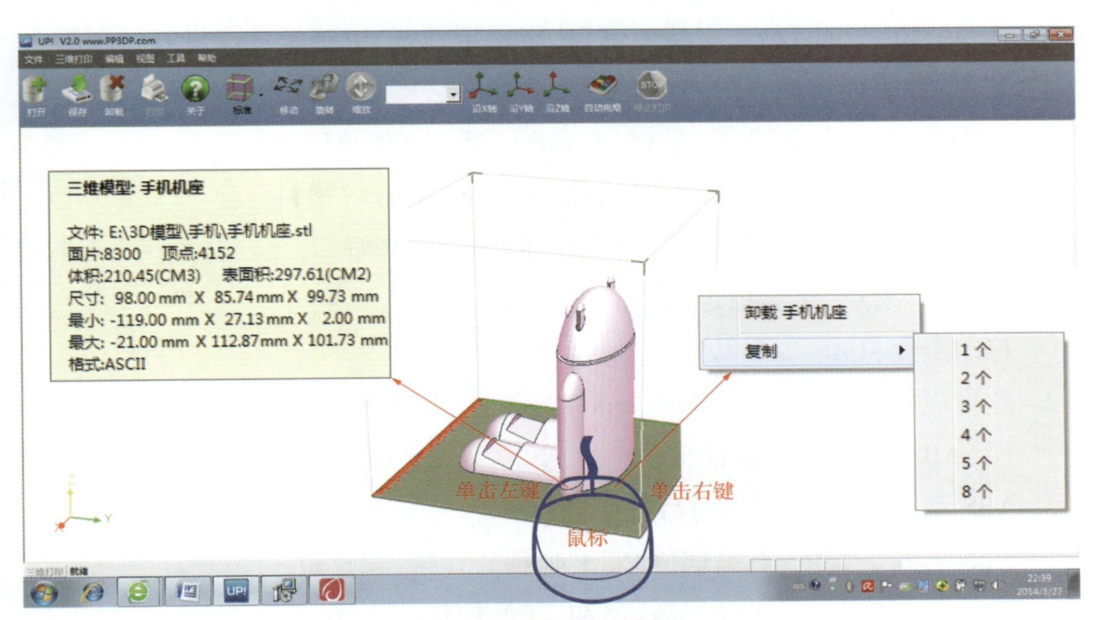

图 1.17 鼠标左右键功能

1.2.4 3D 打印丝材

UP Plus 2 桌面级 3D 打印机常用丝材如图 1.18 所示，是材质为丙烯腈-丁二烯-苯乙烯共聚物(ABS)或聚乳酸(PLA)的丝材。

图 1.18 3D 打印耗材

(1) ABS 和 PLA 丝材的特点

丙烯腈-丁二烯-苯乙烯共聚物(ABS, Acrylonitrile Butadiene Styrene Copolymers)，是一种强度高、韧性好、易于加工成形的工程材料。

优点:综合性能较好,耐热耐寒,化学稳定性好,电绝缘性能良好;

缺点:热收缩率高,模型容易变形,工作时会产生刺鼻的有害气体。

打印温度:240~270 ℃,丝材规格:ϕ1.75 mm 和 ϕ3 mm。

聚乳酸(PLA,Polylactic Acid),是一种生物可降解塑料。

优点:无毒无害,收缩率低,韧性好强度高,可降解。

缺点:不耐热,化学稳定性差。

打印温度:190~210 ℃。

丝材规格:ϕ1.75 mm 和 ϕ3 mm。

(2)ABS 和 PLA 丝材的区分

ABS 和 PLA 丝材燃烧时特征不同:

ABS 火焰呈黄色,有黑烟,挥发出刺鼻的气味,起丝短;

PLA 火焰呈蓝色,无烟,气味温和,起丝较长。

(3)注意事项

打印丝材极易受潮,影响打印表面质量,因此需要密封保存。

任务 1.3 3D 打印机基本操作

1.3.1 3D 打印机初始化

打印开始前，必须进行 3D 打印机初始化，使打印喷头和打印工作台返回打印机出厂时厂家设定的初始位置，在设备建立一个唯一的坐标系。3D 打印机每次重新开机后，必须进行初始化。

具体操作方法为：单击软件中“三维打印”下拉菜单“初始化”选项，如图 1.19 所示，当打印机发出蜂鸣声，初始化即开始；打印喷头和打印平台返回到打印机的初始位置后，打印机将再次发出蜂鸣声，表明初始化完成。打印机初始化也可以通过长按打印机基座上的初始化按钮来完成。

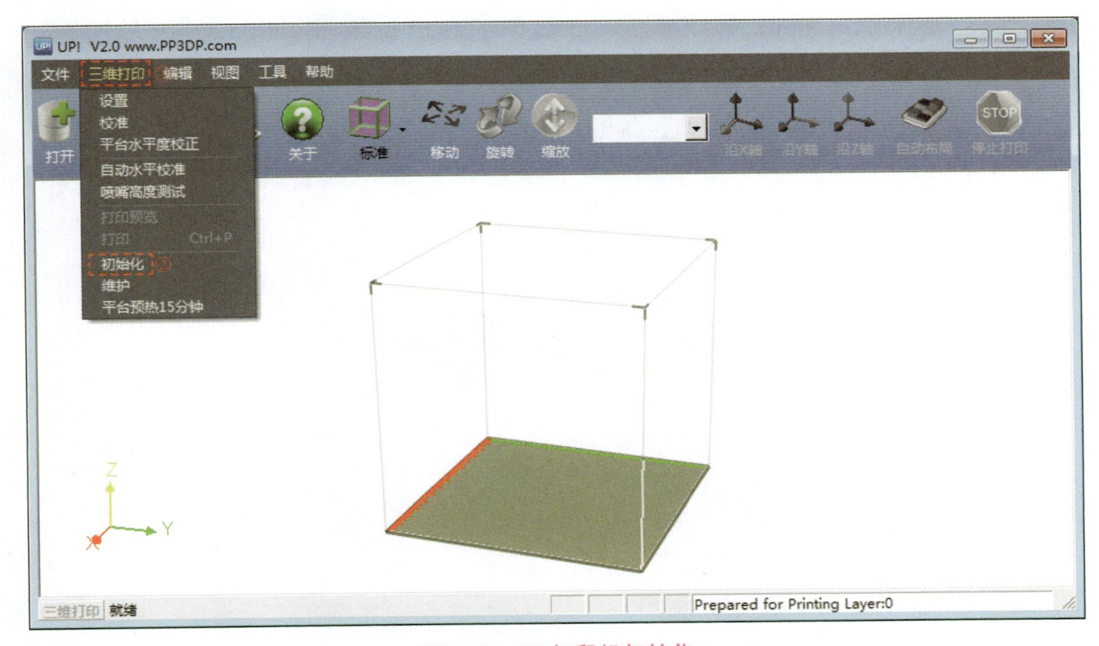

图 1.19 3D 打印机初始化

1.3.2 3D打印工作台自动水平校准

打印前需要检查喷嘴和打印工作台4个角的距离,3D打印机将在打印数据生成过程中自动对打印工作平台各个位置进行补偿,从而保证打印工作台各处与喷嘴的距离一致。打印工作台自动水平校准需借助配件“水平校准器”,具体过程如下:

①将打印平板置于打印工作台上(如图1.20(a)所示),拨动工作台边缘的8个弹簧,将打印平板固定在打印平台上。

②将3.5 mm双头线的插头插入水平校准器的插口,并将水平校准器放在喷头下侧,由水平校准器内置的磁铁将校准器固定在喷头,如图1.20(b)所示。

③将3.5 mm双头线另一端的插头插入打印机底部后侧的插口,如图1.20(c)所示。注意:3.5 mm双头线应从打印机正面绕过机架插入打印机后侧的插口,如图1.20(d)所示,而不能直接从机架中间的孔中穿过,以避免工作台移动过程中挤压损坏3.5 mm双头线。

④单击控制软件中“三维打印”下拉菜单“自动水平校准”选项,如图1.20(e)所示,水平校准器将会依次对平台的9个点进行校准,如图1.20(f)所示。

⑤自动水平校准完成时,控制软件弹出如图1.20(g)所示提示框,提示校准完成,并需在打印前设定喷头高度(这将在1.3.3中进行介绍);单击“确定”按钮退出自动水平校准。

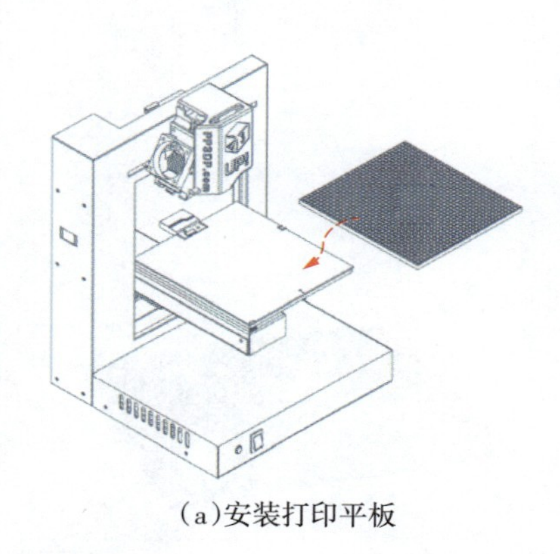

(a)安装打印平板

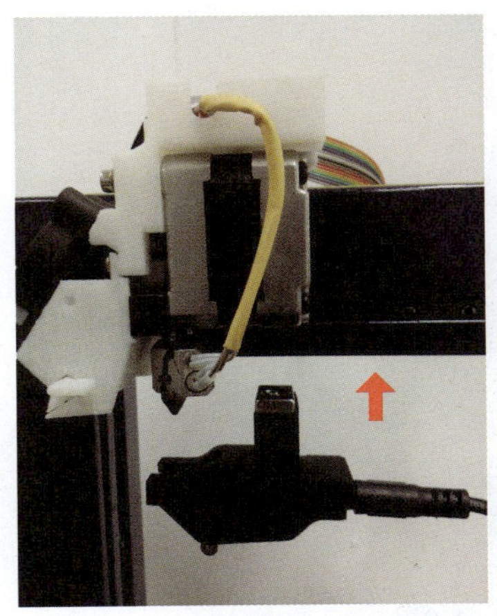

(b)插入3.5 mm双头线并固定水平校准器

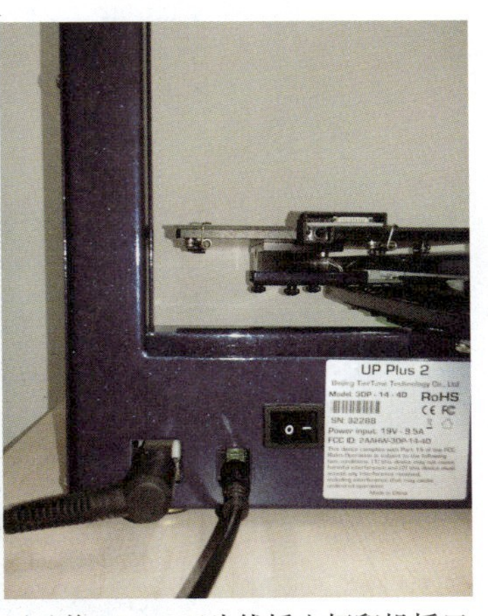

(c)将3.5 mm双头线插入打印机插口

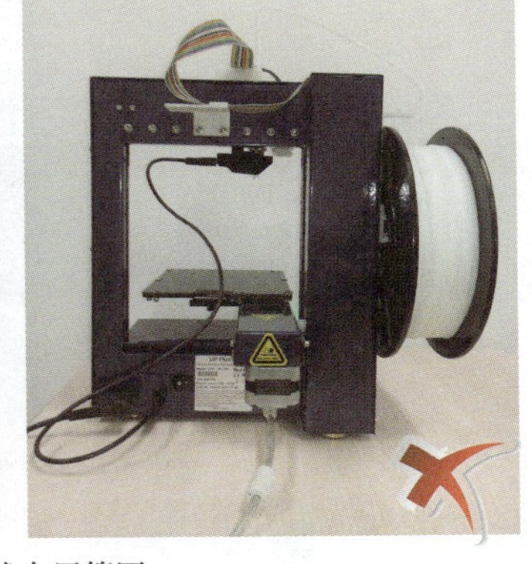

(d)3.5 mm双头线布置简图

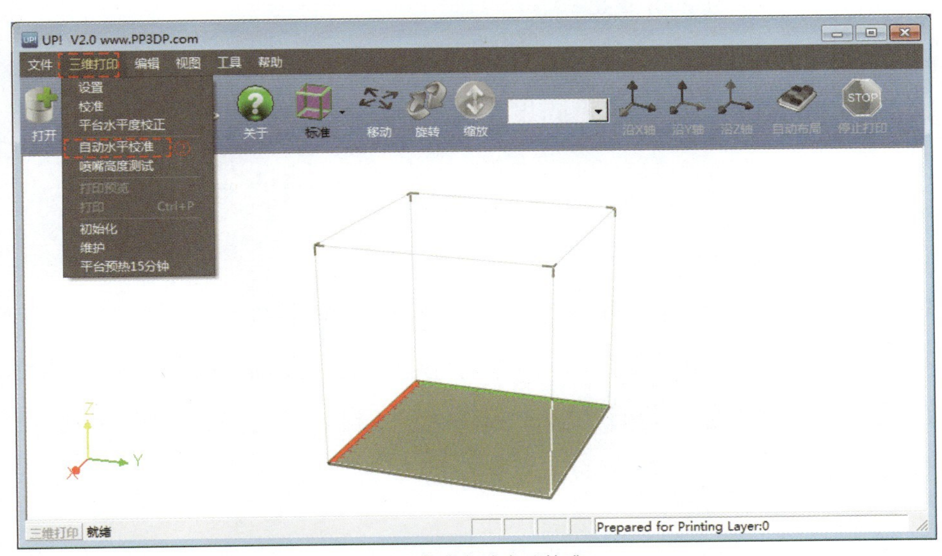

(e)启动自动水平校准

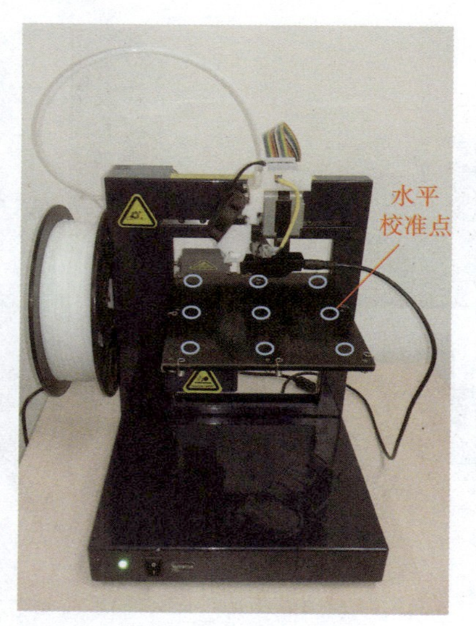

(f)自动水平校准

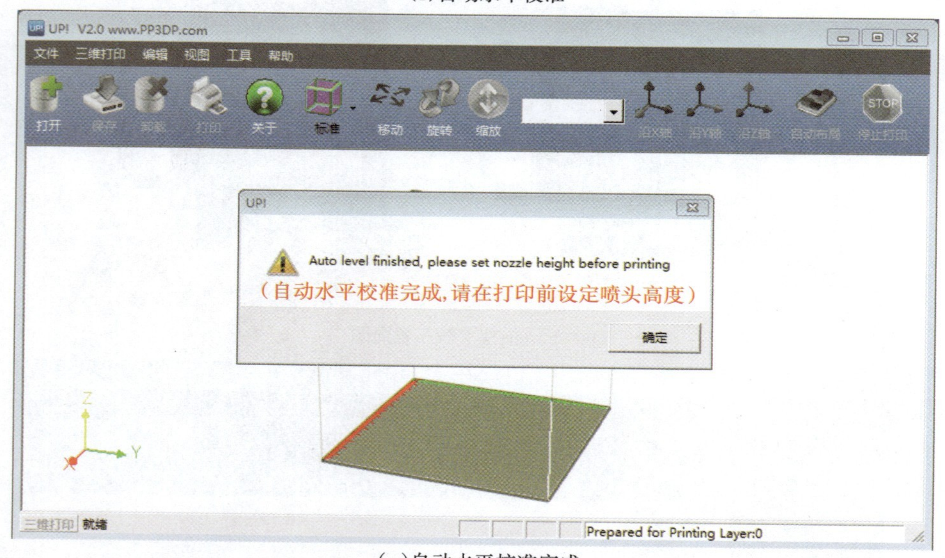

(g)自动水平校准完成

图 1.20 3D 打印机工作台自动水平校准

3D打印机工作台自动水平校准数据保存在系统中,可单击控制软件中"3D打印"下拉菜单中的"平台水平度校正"选项,如图1.21所示,观察9个校准点的数据。打印过程中,系统将自动对打印工件的水平尺寸进行补偿。

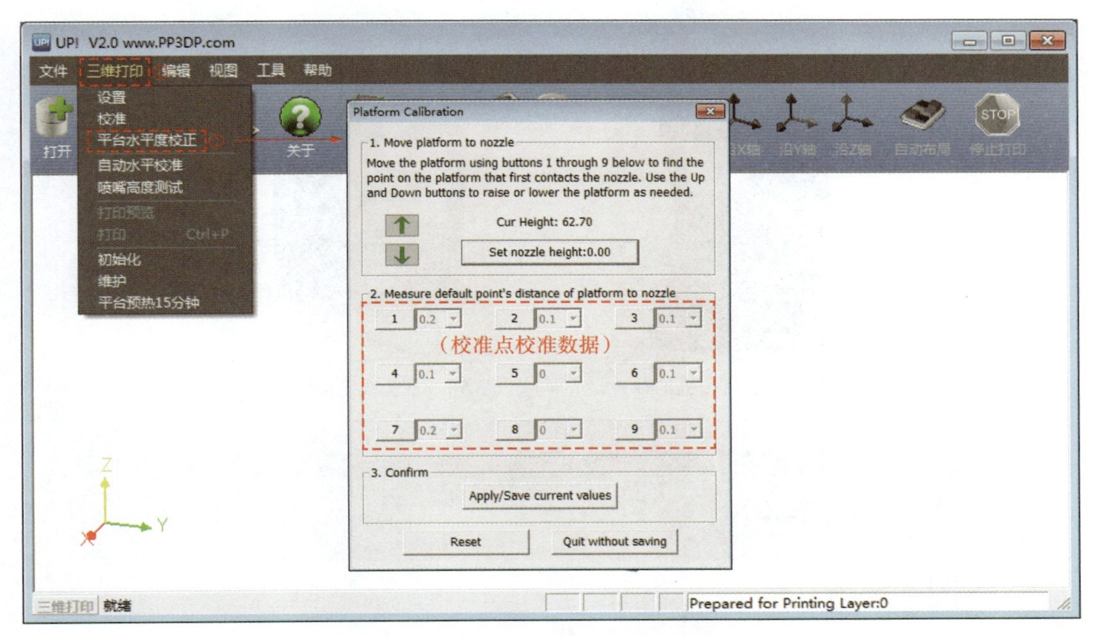

图 1.21　3D 打印机工作台水平度

1.3.3　3D 打印机喷嘴高度自动测试

3D 打印机初始化结束后，需要测定喷嘴至打印平板的高度（简称喷头高度）。可借助“自动对高块”（如图 1.22（a）所示），进行喷头高度测试，具体步骤如下：

①将喷头擦拭干净，水平校准器不能留在喷头上。

②将 3.5 mm 双头线分别插入“自动对高块”和打印机背面底部的插口，连接后如图 1.22（b）所示。

③单击控制软件中“三维打印”下拉菜单“喷嘴高度测试”选项，如图 1.22（c）所示，启动喷头高度测试，打印平台将逐渐上升，直至自动对高块上的弹片与喷嘴接触，如图 1.22（d）所示。

④测量完成时，控制软件自动弹出喷嘴当前高度对话框，如图 1.22（e）所示，系统将自动记录喷头的高度（131.88 mm）。（注意：不同打印机的高度值不相同，以实际测量结果为准）

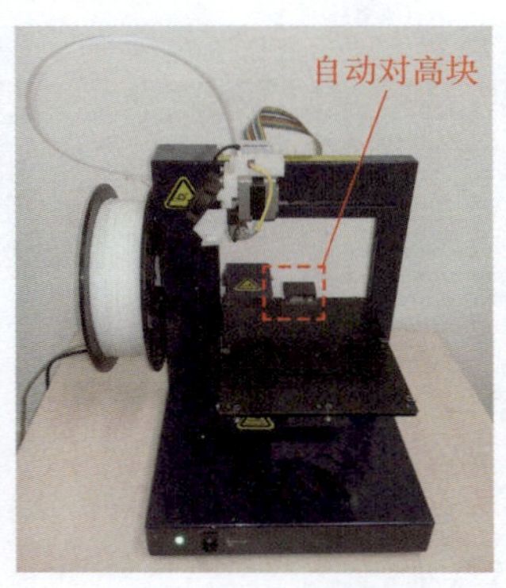

(a)自动对高块(打印机正面)　　(b)3.5 mm双头线连接(打印机背面)

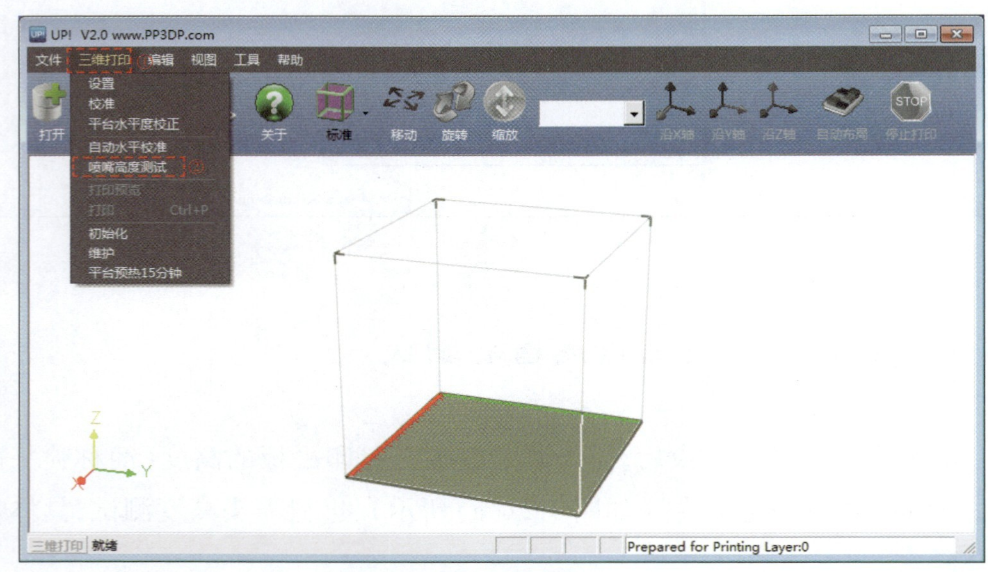

(c)启动喷嘴高度自动测试

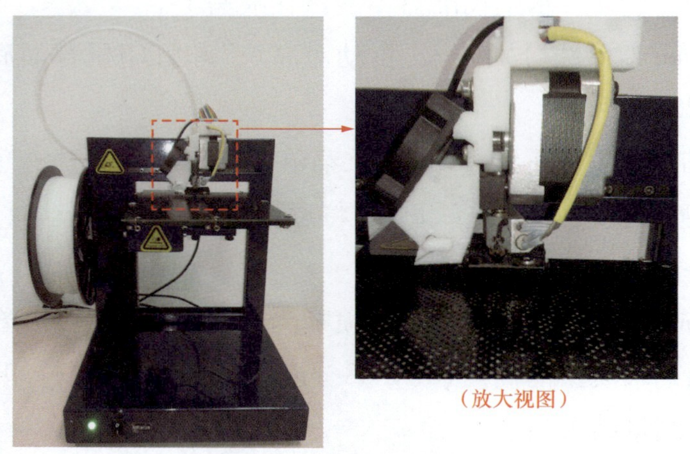

(d)喷嘴高度自动测试

（e）喷嘴高度自动测试完成

图 1.22 3D 打印机喷嘴高度自动测试过程

1.3.4 打印丝材挤出与撤回

（1）打印丝材挤出

打印开始前，需将打印丝材（ABS）从喷嘴处挤出。步骤如下：

①安装丝材（ABS）：将丝材挂在丝材支架上，牵引丝材穿过丝材支架顶部的限位槽，穿过送丝管插入打印机喷头的丝材入口。

②打开 UP 控制软件，在控制软件工具栏中单击“三维打印”，弹出下拉菜单栏，如图 1.23（a）所示，单击“维护”，弹出打印机状态观察窗口。

③在打印机状态观察窗口单击“挤出”，喷头进入加热状态。

④当喷头加热至 270 ℃时，用手轻推丝材，如图 1.23（b）所示，喷头将自动挤出丝材，如图 1.23（c）所示；数秒钟后，喷头自动停止挤出。该功能可用于喷嘴挤出新安装的丝材，也可用来测试喷嘴是否正常工作。

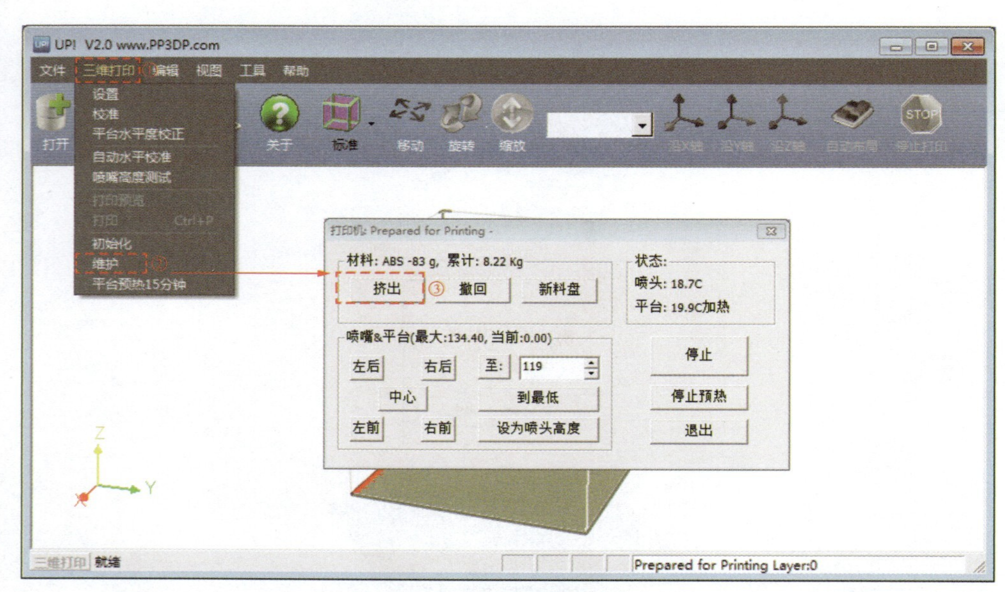

(a)启动打印丝材挤出

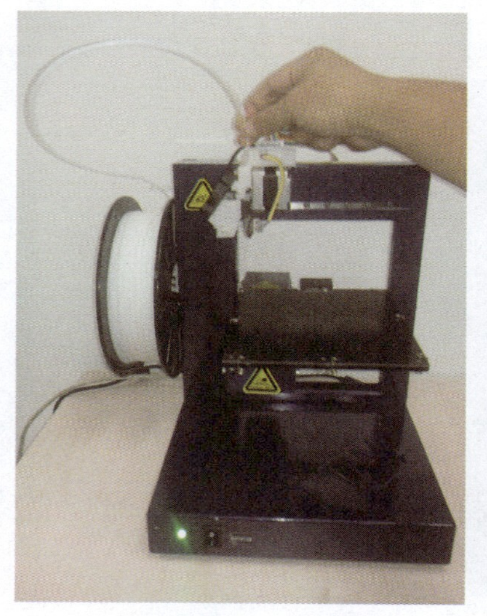

(b)轻推打印丝材

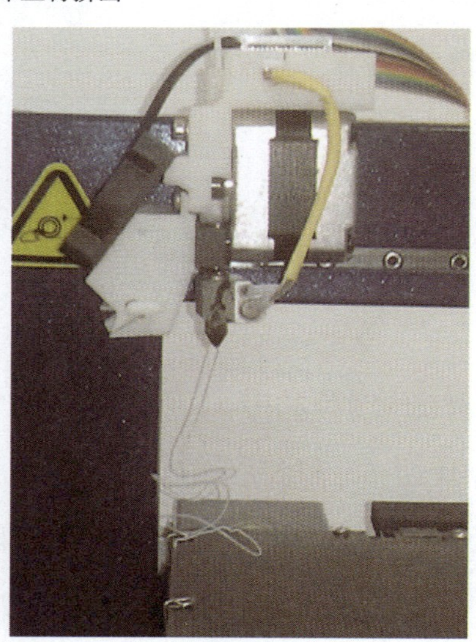

(c)打印丝材挤出

图 1.23　打印丝材挤出

(2)打印丝材撤回

打印丝材极易受潮,影响打印模型表面质量,因此打印结束后,需将打印丝材从打印机中撤出,密封存放。撤回打印丝材的步骤与挤出类似,具体操作步骤如下:

①在控制软件工具栏中单击“三维打印”,弹出下拉菜单栏,单击“维护”,弹出打印机状态观察窗口。

②在打印机状态观察窗口单击“撤回”,喷头进入加热状态;当喷头加热至 270 ℃时,自动将丝材撤回;此时即可手动将打印丝材取下。

项目小结

本项目首先介绍了 3D 打印的概念、发展状况、分类、应用与主流技术,然后以 UP Plus 2 为例介绍 3D 打印机的组成、控制软件与丝材,最后重点介绍了该 3D 打印机的基本操作,包括初始化、自动水平校准、喷嘴高度自动测试和打印丝材的挤出与撤回,为后续项目 3D 打印奠定基础。

项目2
3D打印基本
应用

本项目介绍图2.1所示圆柱体模型的3D打印，材料为ABS丝材。首先通过三维建模软件创建圆柱模型，然后转换为3D打印控制软件能识别的STL格式文件，再导入3D打印控制软件进行打印参数设置，最后采用ABS丝材进行3D打印。

本项目还将介绍不同打印模式（填充实体、空心壳体和单层面体）。

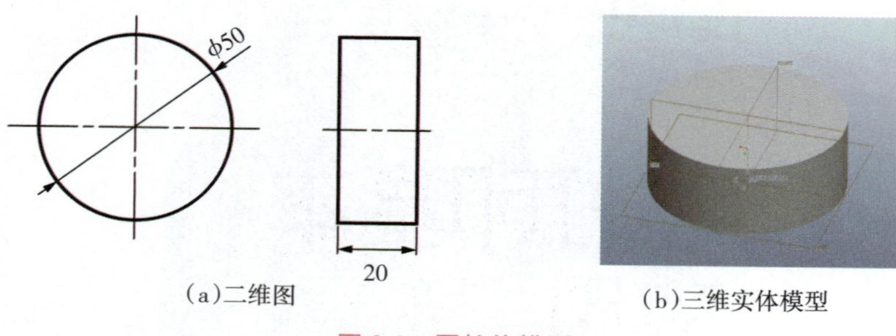

(a)二维图　(b)三维实体模型

图2.1　圆柱体模型

任务2.1　建立三维模型

目前常用的三维建模软件有UG、Pro/E、Solidworks等。本任务以Pro/E（版本Wildfire 5.0）为例，介绍圆柱模型的创建。

(1)双击打开Pro/E Wildfire 5.0软件，其初始界面如图2.2所示。

(2)新建文件。

在初始界面左上角单击创建新对象，进入“新建”对话框，如图2.3所示，在“新建”对话框中进行两处修改：

①“名称”后面输入新建文件的名称“yuanzhu”（文件名称不能包含中文文字）。

②取消勾选“使用缺省模块”。“新建”对话框中保持“类型”选项组的默认选项“零件”和“子类型”选项组的默认选项“实体”。单击“确定”，弹出“新文件选项”对话框，如图2.4所示。

图 2.2 Pro/E Wildfire 5.0 初始界面

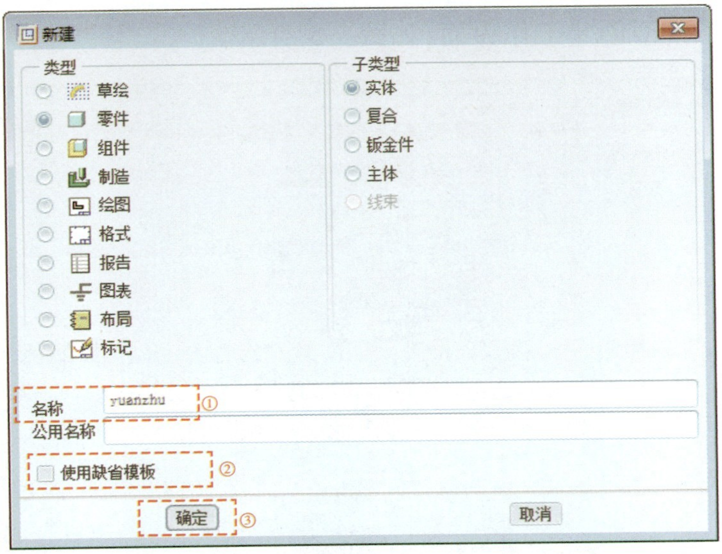

新建

类型

草绘

零件

组件

制造

绘图

格式

报告

图表

布局

标记

子类型

实体

复合

钣金件

主体

线束

名称 yuanzhu ①

公用名称

使用缺省模板 ②

确定 ③ 取消

图 2.3 “新建”对话框 名称“yuanzhu”

新文件选项

模板

mmns_part_solid 浏览...

空
inlbs_part_ecad
inlbs_part_solid
mmns_part_solid ①

参数

DESCRIPTION
MODELED_BY

复制相关绘图

确定 ② 取消

图 2.4 “新文件选项”对话框

在“新文件选项”对话框里选择“mms_part_solid”(公制模板),单击“确认”,弹出零件模型创建工作界面,如图 2.5 所示。

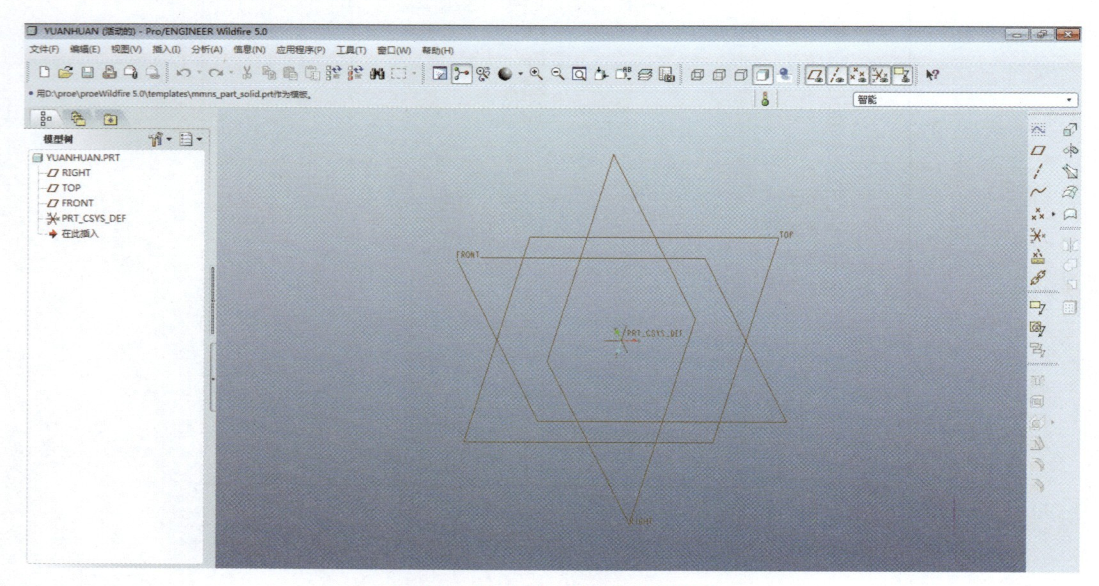

图 2.5 零件模型创建工作界面

(3)通过拉伸特征命令创建模型

①单击界面右侧“拉伸”命令按钮 ,显示“拉伸”操控板,如图 2.6 所

示，进入“拉伸”建模状态。

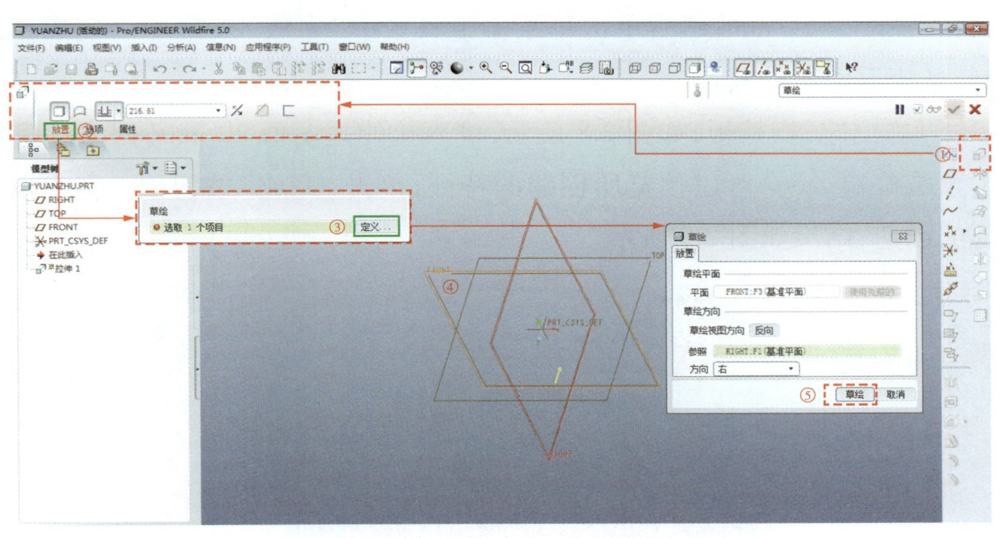

图 2.6 “拉伸”控制面板

②单击“拉伸”操控板“放置”命令，弹出“放置”下滑对话框；单击“放置”下滑对话框中的“定义”命令，弹出“草绘”对话框；在工作界面单击 FRONT 基准面，选定其为草绘平面，系统自动选择 RIGHT 基准面作为参照平面，方向为右；在“草绘”对话框中单击“草绘”，系统进入草绘环境。

③进入截面草绘界面，如图 2.7 所示，单击界面右侧草绘器工具栏“圆”命

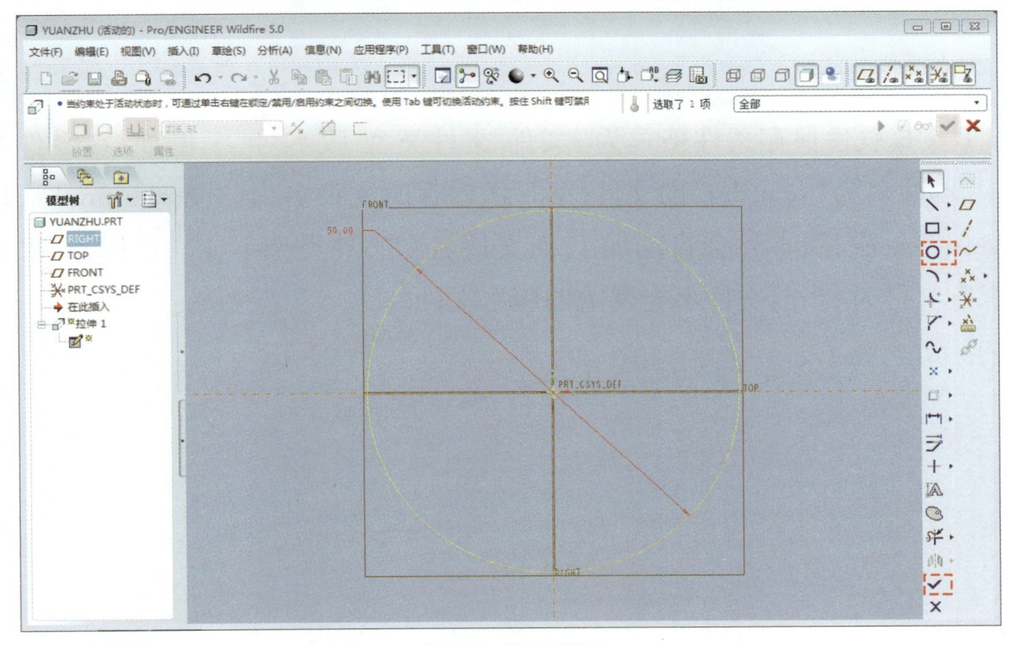

图 2.7 拉伸截面

令按钮 ○ ,通过指定圆心和圆上的一个点绘制圆:以原点(0,0)为圆心,绘制圆,将直径改为 50 mm;然后单击草绘器工具栏中“完成”按钮 ✓ ,完成草图绘制,系统返回零件模式。

④在“拉伸”操控板,如图 2.8 所示,输入拉伸高度值 20 mm(回车确定);单击预览按钮 ಬ ,可以预览所创建的特征;单击“完成”按钮 ☑ ,完成拉伸特征的创建,结果如图 2.9 所示。

图 2.8　设置拉伸高度

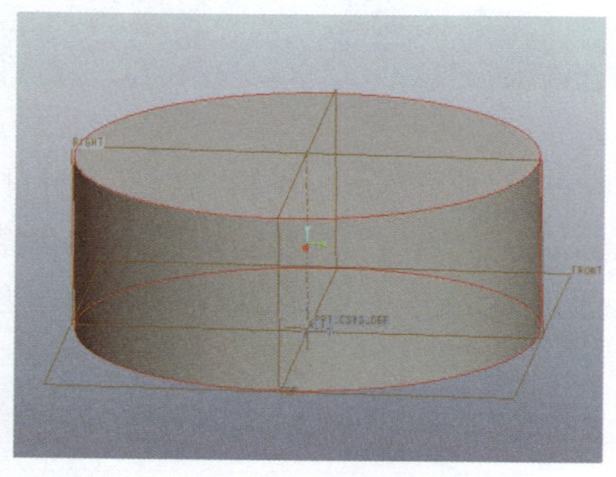

图 2.9　拉伸特征

(4)保存文件

Pro/E 软件保存文件格式为“文件.文件类型.版本号”。例如,在零件类型中,创建名为“yuanzhu”的文件,第一次保存时文件名为“yuanzhu.prt.1”,以后每保存一次,版本号会自动加 1,而文件名和文件类型不变。这样,在目录中保存文件时,当前文件不会覆盖旧版本文件。

任务 2.2　模型格式转换

UP Plus 2 3D 打印机仅支持 STL 格式，因此由 Pro-E 建立的三维模型需要转换为 STL 格式，才能被 3D 打印机识别。STL（S Tereo Lithography）格式是 3D 打印最常用的数据交换文件格式。

三维模型转换为 STL 格式的步骤如图 2.10 所示：

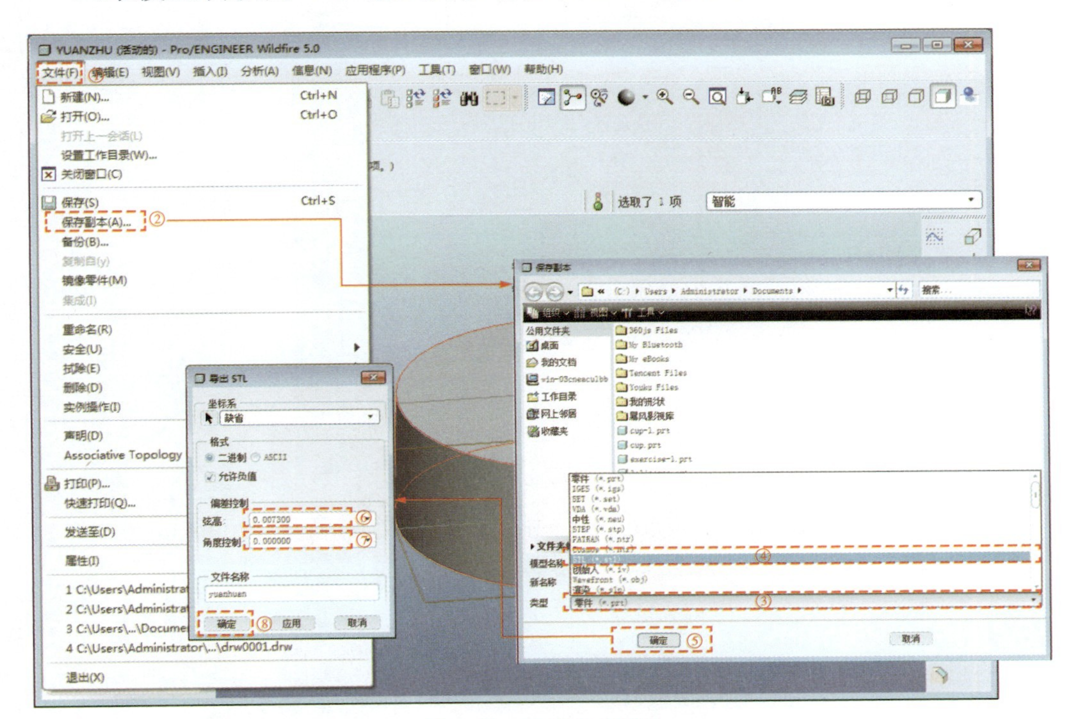

图 2.10　文件格式转换

①在 Pro-E 软件中单击“文件”，弹出文件下滑菜单。

②单击“保存副本”，弹出“保存副本”对话框。

③单击“类型”，弹出扩展栏。

④单击选择 STL 格式（＊.stl）。

⑤单击“确认”,弹出“导出 STL”参数设置对话框,将“弦高”和“角度控制”设为 0;此两处数值会被系统自动设定为可接受的最小值。

⑥单击“确定”,完成格式转换。

任务 2.3 3D 打印填充实体

填充实体模型(内部有填充的实体)是3D打印常见模型。本任务以圆柱体为例,介绍填充实体模型的3D打印操作过程。

2.3.1 载入三维模型与自动调整位置

①在计算机桌面双击打开 控制软件,然后在工具栏上单击"打开" ,弹出对话框;根据保存路径选择要打印的三维模型"yuanzhu.stl",单击"打开"载入圆柱模型,如图2.11所示。

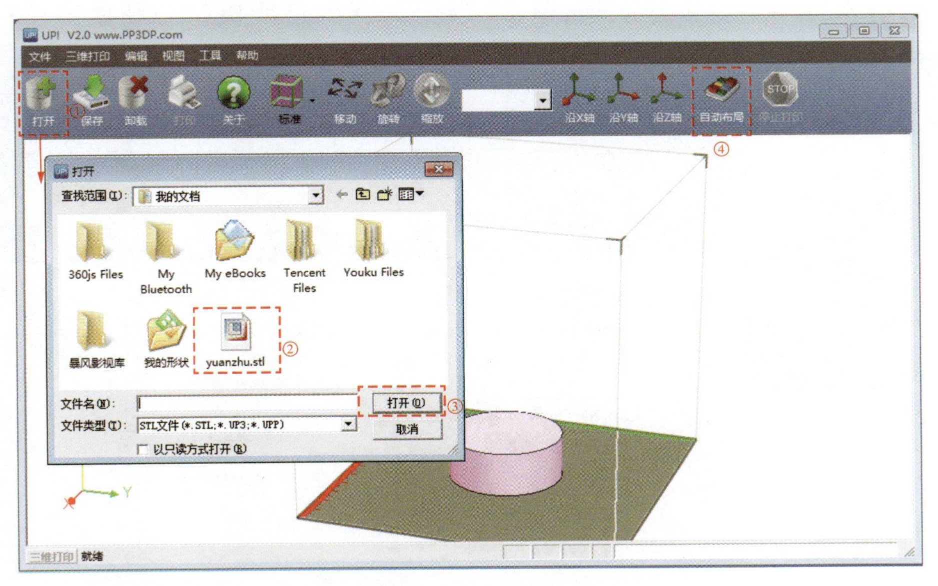

图 2.11 载入三维模型

②自动调整打印位置。单击控制软件"自动布局" ,自动调整模型至默认最佳打印位置。打开三维模型后,需分析模型的结构,调整三维模型的

打印位置、角度和方向。如图 2.12 所示，相对于图 2.12(b)所示位置，采用图 2.12(a)所示位置打印时，会在圆柱下方生成支撑材料，增加打印丝材的用量和打印时间，而且圆环模型表面纹理较差。

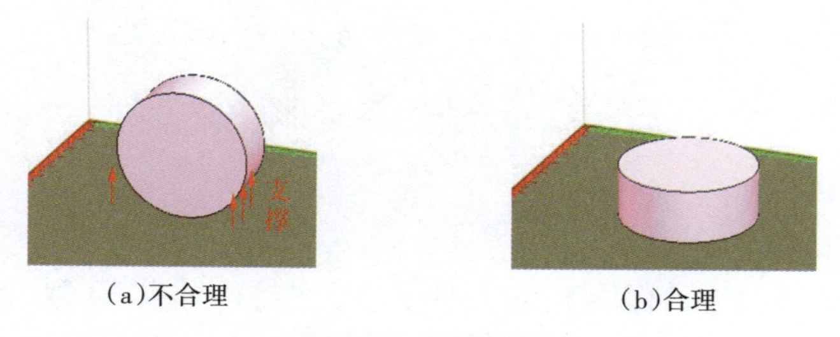

(a)不合理　　(b)合理

图 2.12　打印位置

2.3.2　打印机初始化与平台预热

①在工具栏中单击“三维打印”，弹出下拉菜单栏，如图 2.13 所示；单击“初始化”，初始化打印机，使打印喷头和打印工作台返回打印机初始位置。

②打印机“初始化”完成后，在“三维打印”下拉菜单栏单击“平台预热 15 分钟”，进入打印平台预热状态；单击“维护”，弹出打印机状态观察窗口；待平台加热到 90 ℃以上时，即可单击“停止预热”，停止打印平台预热。

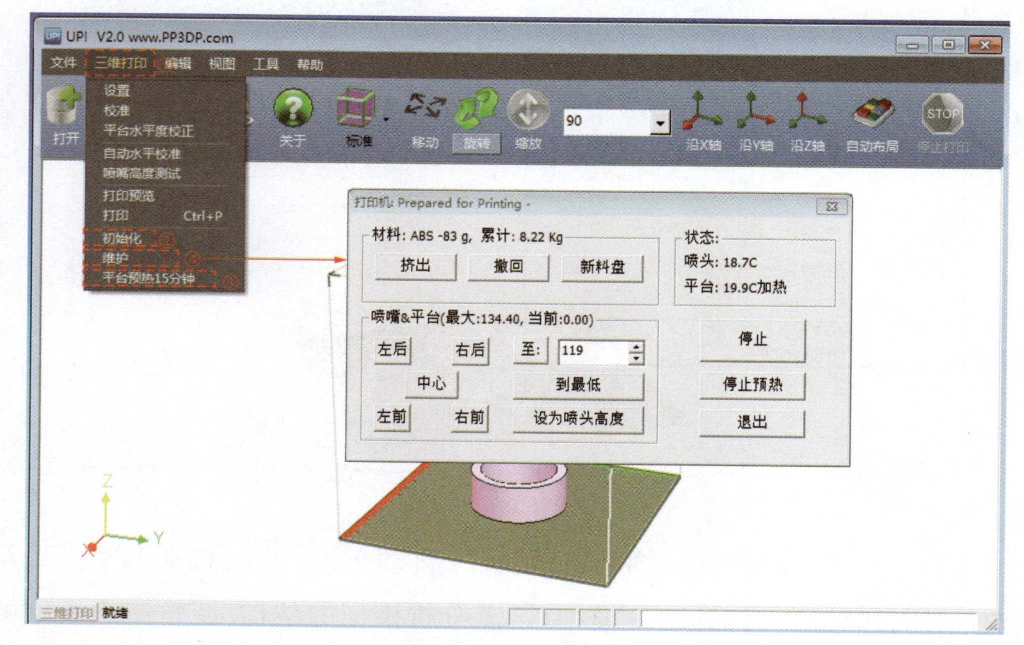

图 2.13　3D 打印机初始化与平台预热操作

2.3.3 打印参数设置与打印预览

①在工具栏中单击“三维打印”，弹出下拉菜单栏，如图 2.14 所示；单击“设置”，弹出打印参数设置窗口。

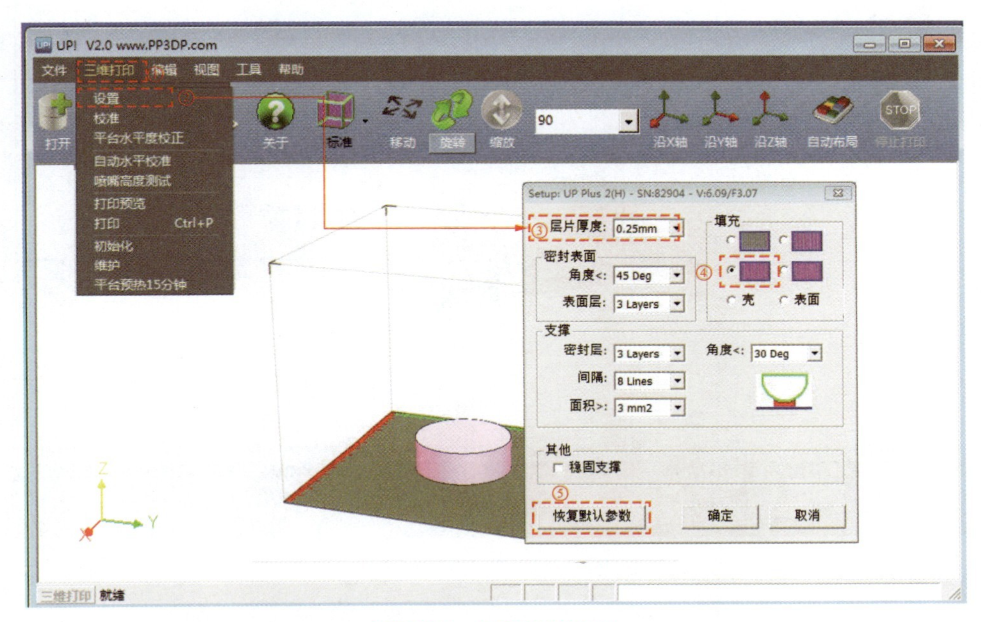

图 2.14 打印参数设置

②在打印参数设置窗口进行以下设置：“层片厚度”（或称为层片高度）设为 0. 25 mm，“填充”选择第 3 种模式；单击“确定”完成参数设置。

③在工具栏中单击“三维打印”，弹出下拉菜单栏，如图 2.15 所示；单击“打印预览”，弹出打印预览设置窗口。

④在打印预览设置窗口设置“喷头高度”，具体数值通过喷嘴高度自动测试获得，具体过程见“项目 1”之“任务 1.3”。

⑤单击打印预览设置窗口“确定”，系统自动对三维模型进行分层和增加支撑结构，如图 2.16 所示，分层完毕后弹出打印信息预算框，由预算框可知，该拓展需使用丝材 14.0 g，打印时间为 30 分钟。

⑥单击打印信息预算框中的“确定”按钮，退出打印预览。

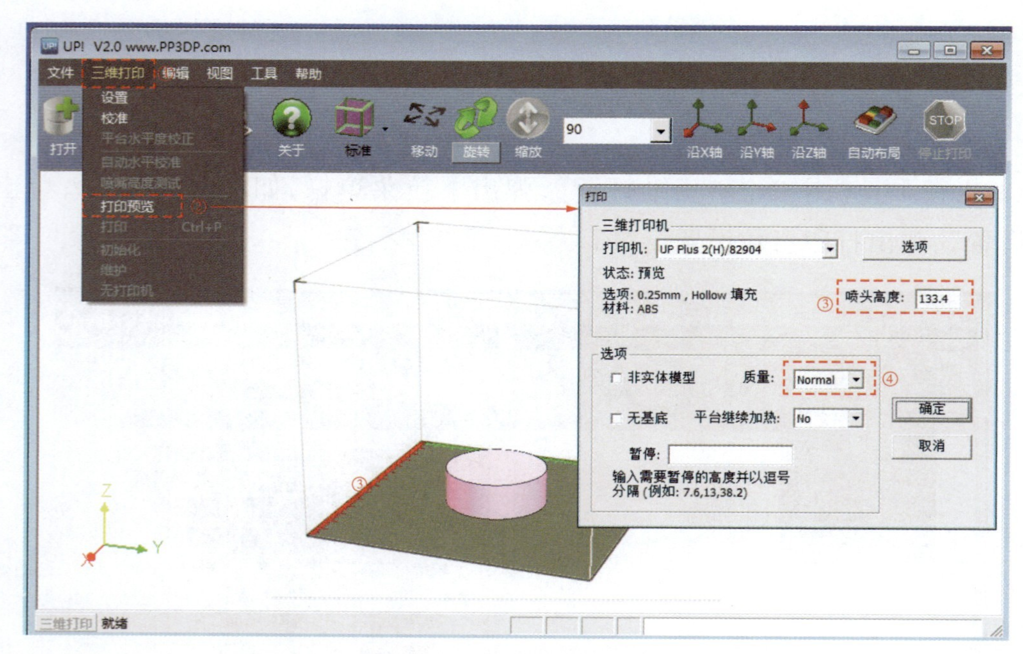

图 2.15 打印预览参数设置

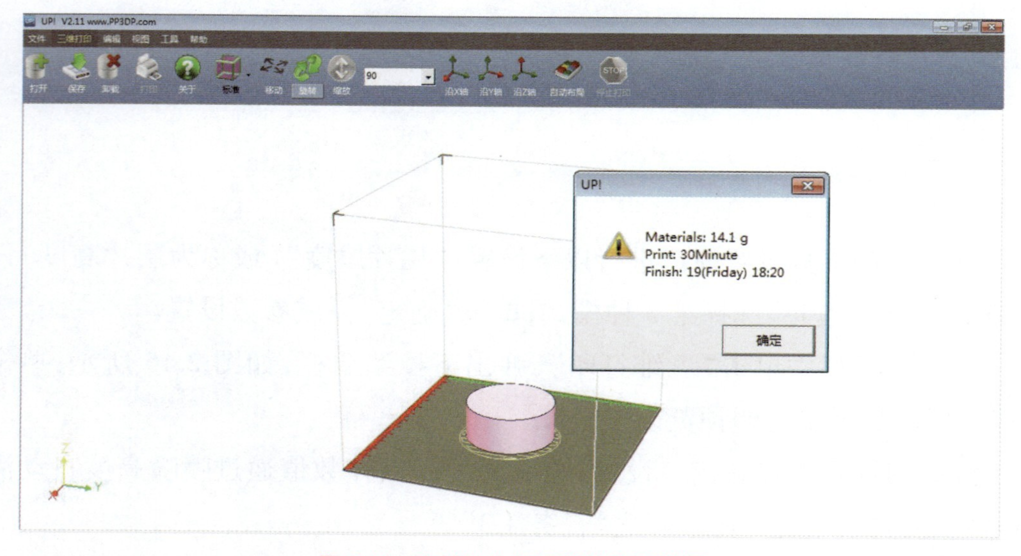

图 2.16 支撑结构与打印信息预算框

⑥确认打印与数据传输

通过“打印预览”确认参数无误后，即可进行打印数据生成和传输。在工具栏中单击“三维打印”，弹出下拉菜单栏，如图 2.17 所示；单击“打印”，弹出打印设置窗口；检查参数无误后单击“确定”，系统自动进行三维模型分层，并向打印机传输数据(打印机指示灯为闪烁状态)；数据传送完毕后弹出打印信息预算框。

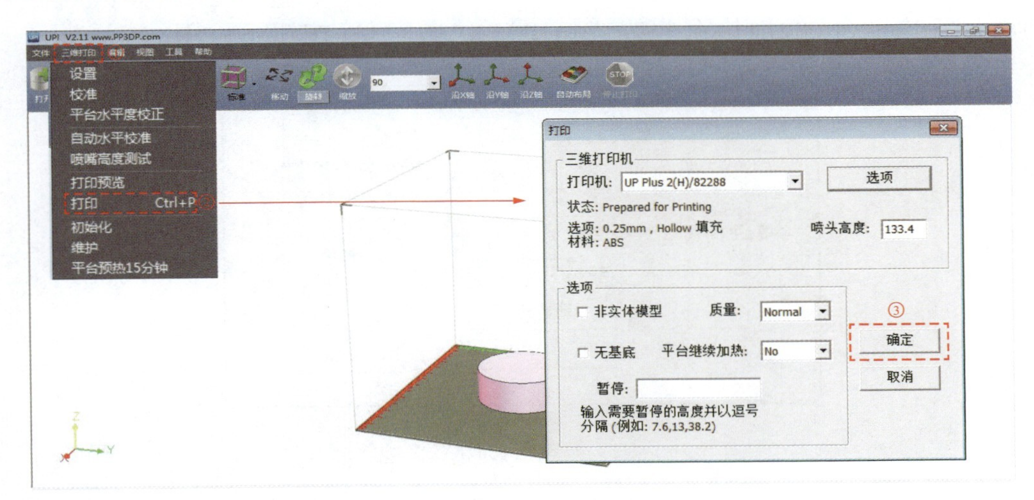

图 2.17 打印参数设置

⑦观察打印机状态

数据传输完毕后,3D 打印机进入加热状态。可通过如下操作观察打印机状态:在工具栏中单击“三维打印”弹出下拉菜单栏,如图 2.18 所示;单击“维护”,弹出打印机状态观察窗口,可了解“喷头”和“平台”的加热温度,此时“挤出”和“撤回”等按钮不可用;待“喷头”加热到 ABS 打印丝材加工温度 270

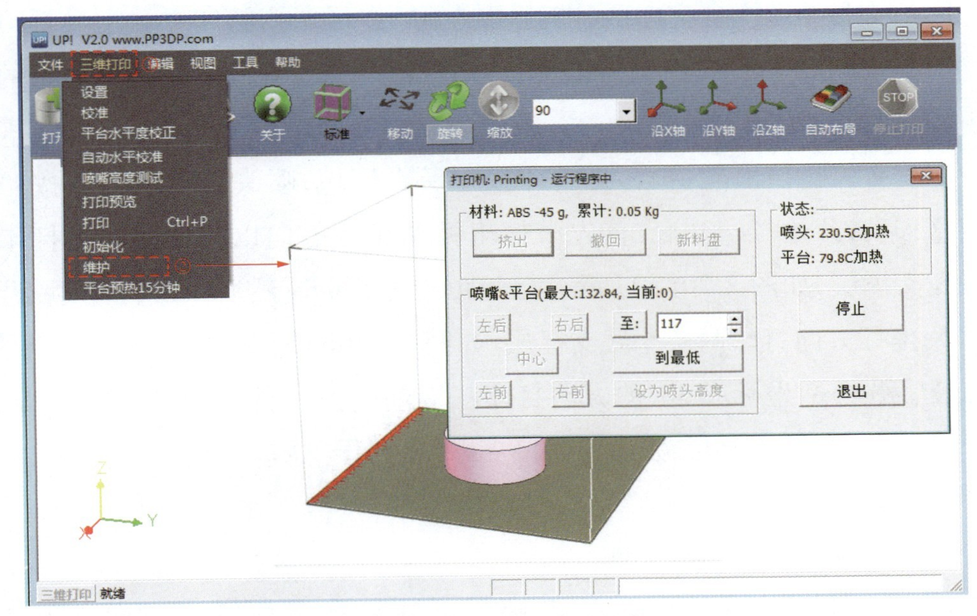

图 2.18 3D 打印机加热状态

℃,3D 打印机正式运行打印;此时打印机状态观察窗口如图 2.19 所示,显示“喷头”和“平台”的加热百分数,“挤出”和“撤回”等按钮不可用。

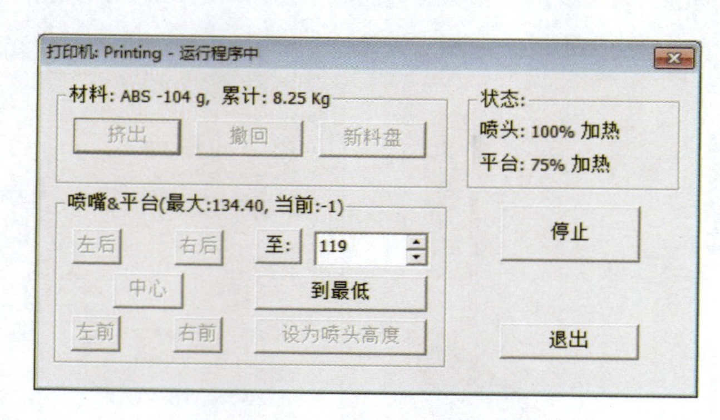

图 2.19　打印过程中打印机状态观察窗口

2.3.4　3D 打印成型过程

UP Plus 2 3D 打印机打印圆柱填充实体模型的过程如图 2.20 所示。

当喷头温度升高至 ABS 打印丝材加工温度 270 ℃时,UP Plus 2 3D 打印机发出“滴”的警报声,开始进行打印:

①喷头移至工作台空白区(非打印模型所在区域),打印平台上升至喷头高度为 0 mm 的位置后,喷头挤出丝材并直线移动一定距离,将喷嘴多余的丝材清除,如图 2.20(a)所示。

②喷头停止挤出丝材,移至打印模型所在区域,喷头挤出丝材并按照设定线路移动,开始打印基底:首先沿打印机 Y 坐标方向以较大行间距打印两层基底支撑层,如图 2.20(a)所示,行间距约为 5 mm;然后减少行间距,沿打印机 X 坐标方向打印两层基底支撑层,如图 2.20(b)所示,行间距减小至约 1 mm;最后沿与 Y 坐标成 30°的方向打印三层基底密封层,如图 2.20(c)所示。密封层的层数可在打印参数设置窗口支撑“密封层”选项修改,见图 2.21 中字母“A”所指选项。

③打印圆柱填充实体模型。

a.打印圆柱填充实体模型底面,喷头沿与 Y 坐标成 45°的方向打印三层模型表面密封层,如图 2.20(d)所示。模型表面密封层的层数可在打印参数设置窗口密封表面“表面层”选项修改，见图 2.21 中字母“B”所指选项。

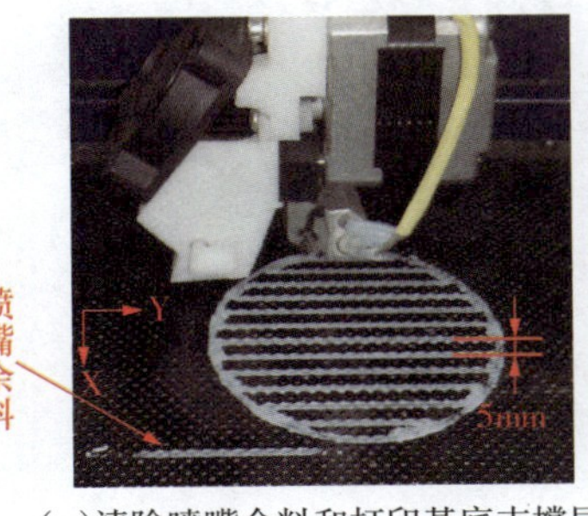

(a)清除喷嘴余料和打印基底支撑层（Y方向）

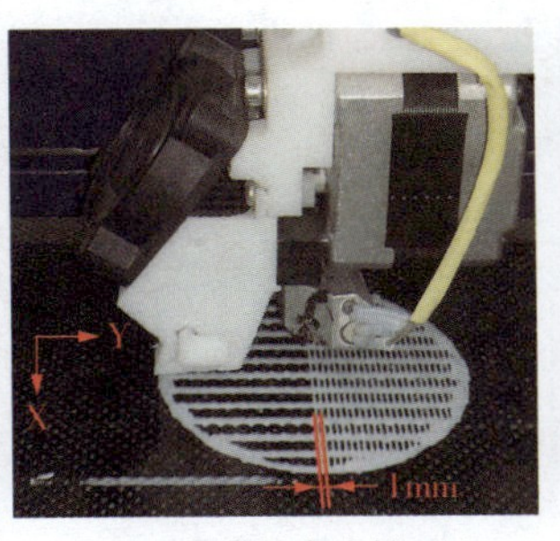

(b)打印基底支撑层（X方向）

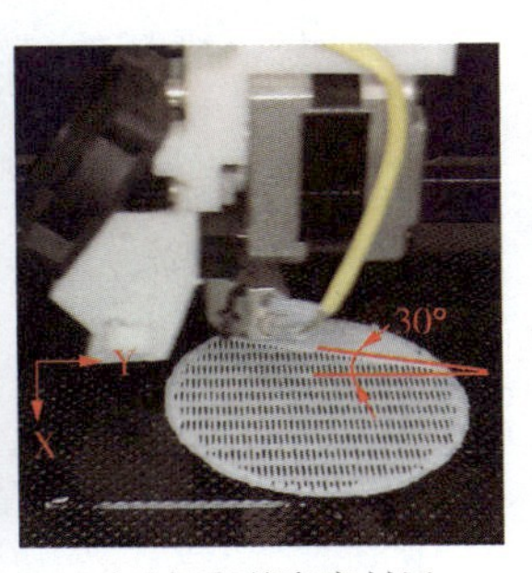

(c)打印基底密封层

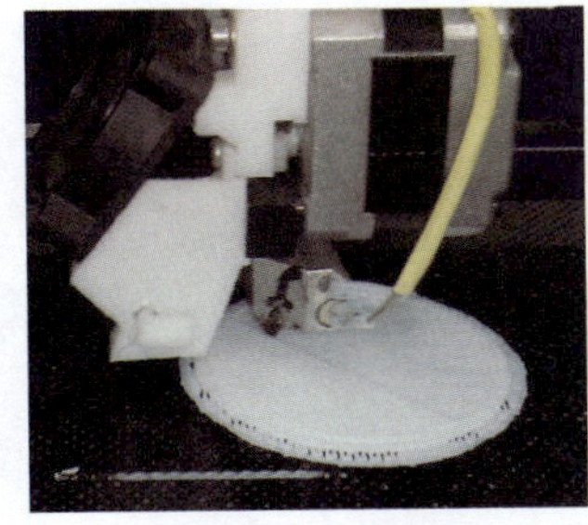
(d)打印圆柱模型底面(密封层)

(e)打印圆柱模型主体（成形高度1 mm）

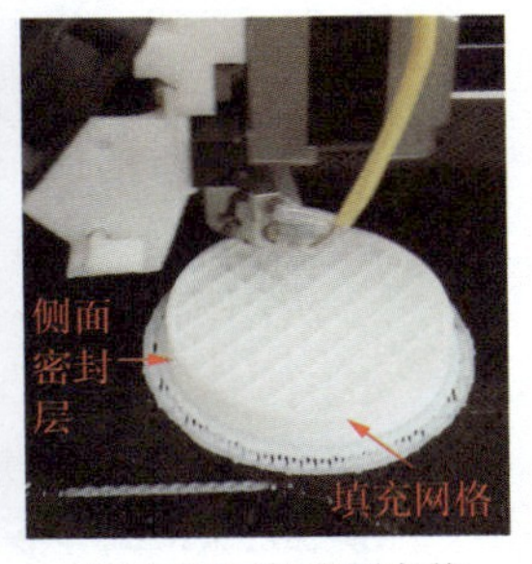

(f)打印圆柱模型主体（成形高度3 mm）

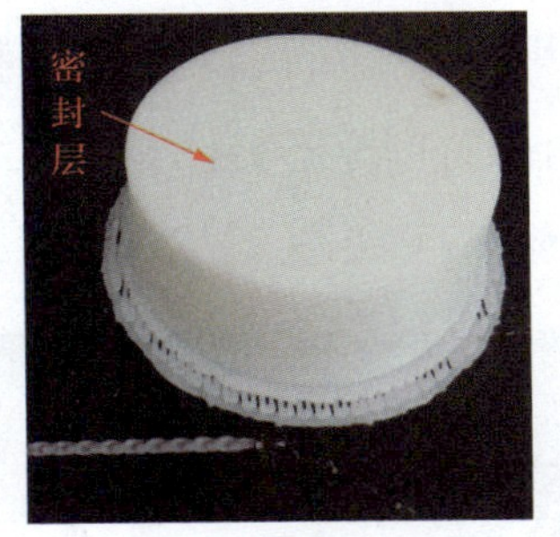

(g)打印结束

图 2.20　填充实体 3D 打印成型过程

b.打印圆柱填充实体模型主体，侧表面为两层密封层，内部为填充网格，如图 2.19(e)和(f)所示。

c.打印圆柱填充实体模型顶面，喷头沿与 Y 坐标成 45°的方向打印三层模型表面密封层。

圆柱填充实体模型 3D 打印结束后，如图 2.20(g)所示。

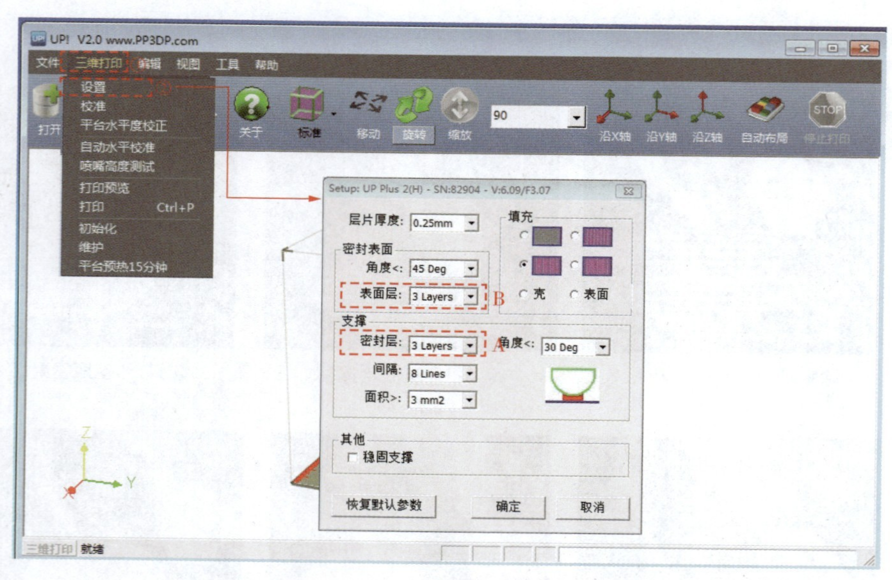

图 2.21　3D 打印参数设置窗口

2.3.5　模型拆卸与分析

打印结束并等待打印平板冷却后，将打印平板连同打印模型从打印机上取下；采用小铲从基底拆下圆柱填充实体模型；最后用小铲将基底从打印平板上铲下。拆卸后的模型与基底如图 2.22 所示。

(a)拆卸工具(小铲)　(b)拆卸前　(c)拆卸后(模型)　(d)拆卸后(基底)

图 2.22　填充实体模型拆卸

填充实体模型刚度较高，可用于装配检查、运动分析等。填充实体模型内部填充网格的疏密程度，可在打印参数设置中根据需要选择；如图 2.23 所示，“A”、“B”、“C”和“D”所指的填充选项对应间隔分别为 1、2、4 和 8 mm 的正方形网格，网格间隔越小，模型刚度越高。

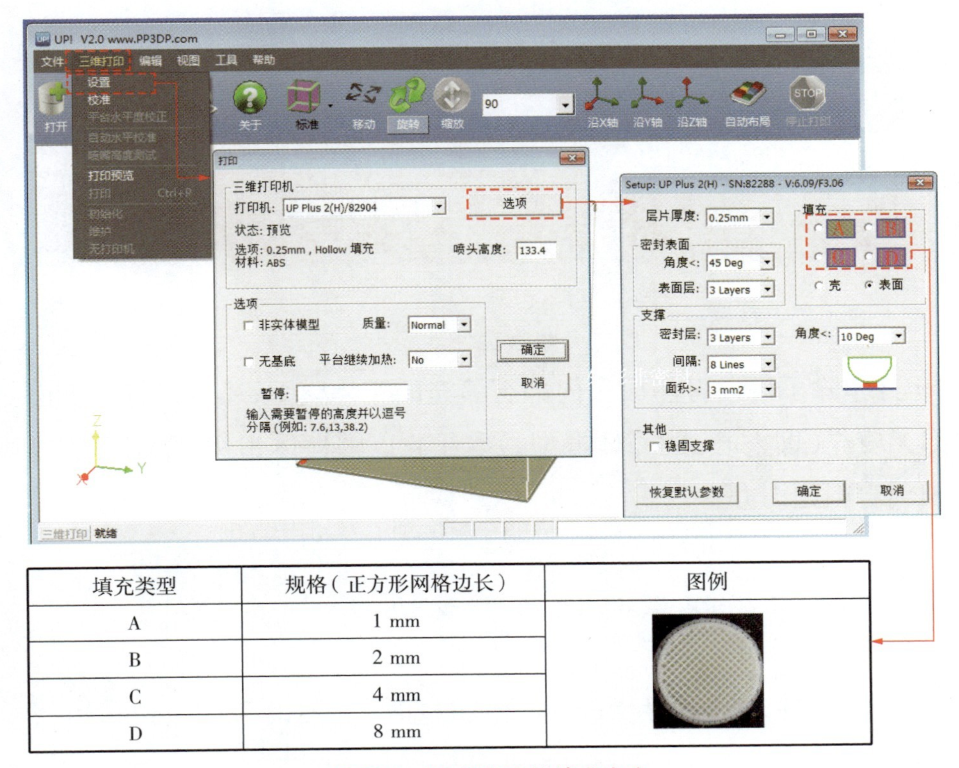

填充类型	规格（正方形网格边长）	图例
A	1 mm	
B	2 mm	
C	4 mm	
D	8 mm	

图 2.23　3D 打印实体填充密度

任务 2.4 3D 打印空心壳体

3D 打印除了可以打印成形内部有填充的实体模型,还可以打印表面封闭而内部无填充(即空心)的壳体模型。本任务以圆柱体为例,介绍空心壳体模型的 3D 打印操作过程。

2.4.1 打开三维模型与自动调整位置

打开 UP! 软件,根据保存路径选择要打印的三维模型“yuanzhu.stl”,单击“自动布局” ,自动调整模型至默认最佳打印位置。

2.4.2 打印机初始化与平台预热

初始化打印机,使打印喷头和打印工作台返回打印机初始位置。打印机“初始化”完成后,在“三维打印”下拉菜单栏单击“平台预热 15 分钟”,进行打印平台预热。

2.4.3 打印预览与打印参数设置

①在工具栏中单击“三维打印”,弹出下拉菜单栏,如图 2.24 所示;单击“打印预览”,弹出打印预览设置窗口。

②单击打印预览设置窗口的“选项”,弹出参数选项设置窗口:“层片厚度”设为 0. 25 mm(与任务 2.3 之内部有填充的实体打印相同),“填充”选择“壳”模式(与任务 2.3 之内部有填充的实体打印不同);单击“确定”返回打印

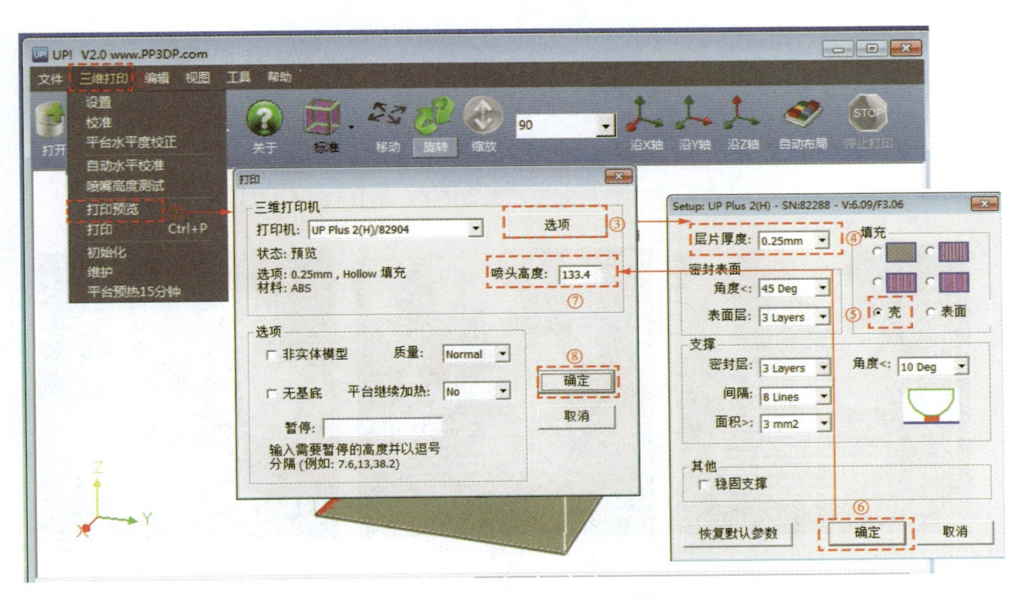

图 2.24　打印预览参数设置

预览设置窗口。

③在打印预览设置窗口设置"喷头高度",具体数值通过喷嘴高度自动测试获得,具体过程见"项目 1"的"任务 1.3"。

④单击打印预览设置窗口中的"确定",系统自动对三维模型进行分层和增加支撑结构,分层完毕后,弹出打印信息预算框,如图 2.25(a)所示。与"任务 3"之"内部有填充的实体打印"相比,本任务之"空心壳体打印"的材料消耗由 14.1 g 降低至 9.6 g,打印时间由 30 分钟降低至 21 分钟。

⑤单击打印信息预算框中的"确定",退出打印预览。

(a)空心壳体打印

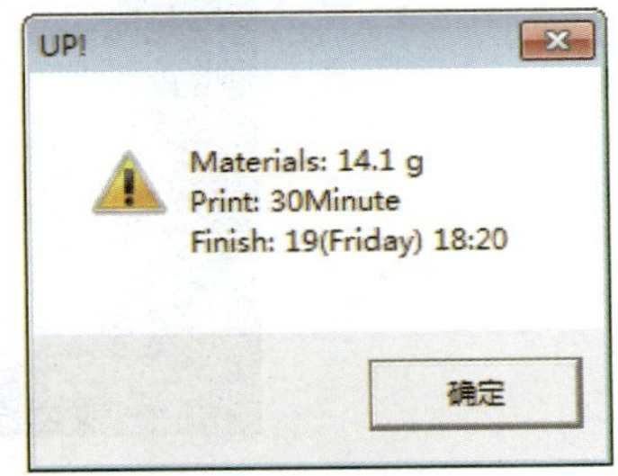

(b)内部有填充的实体打印

图 2.25　打印信息预算框

⑥确认打印与数据传输

通过"打印预览"确认参数无误后,即可进行打印数据生成和传输。

2.4.4 3D 打印成型过程

UP Plus 2 3D 打印机打印圆柱空心壳体模型的过程如图 2.26 所示。

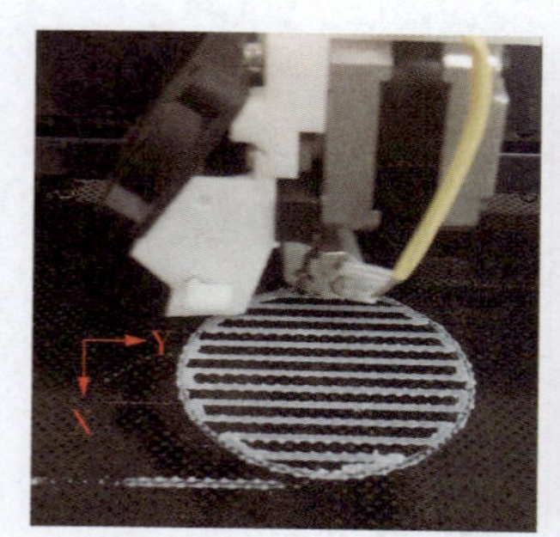

(a)清除喷嘴余料和打印基底支撑层（Y 方向）

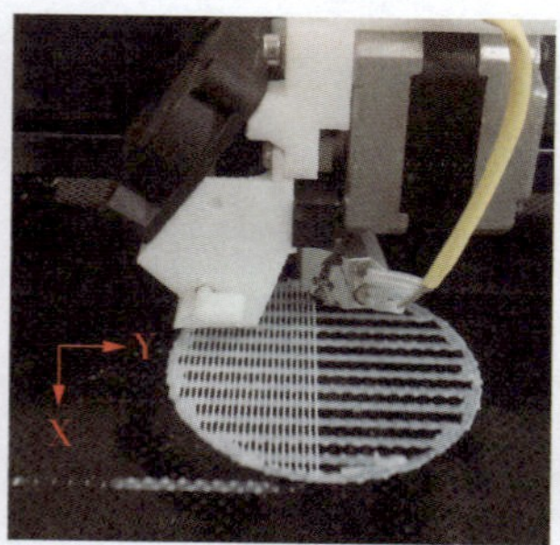

(b)打印基底支撑层（X方向）

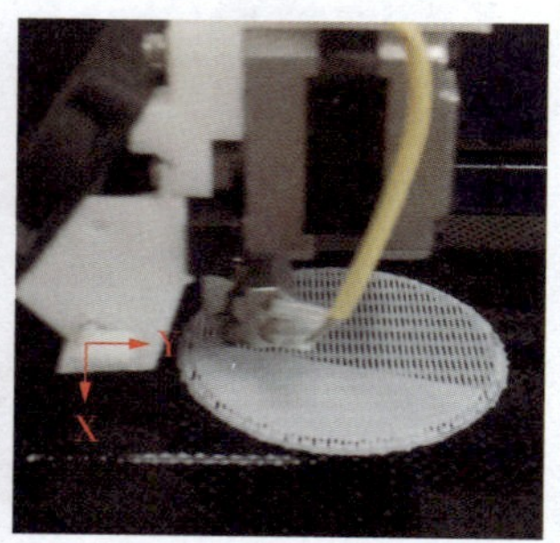

(c)打印基底密封层

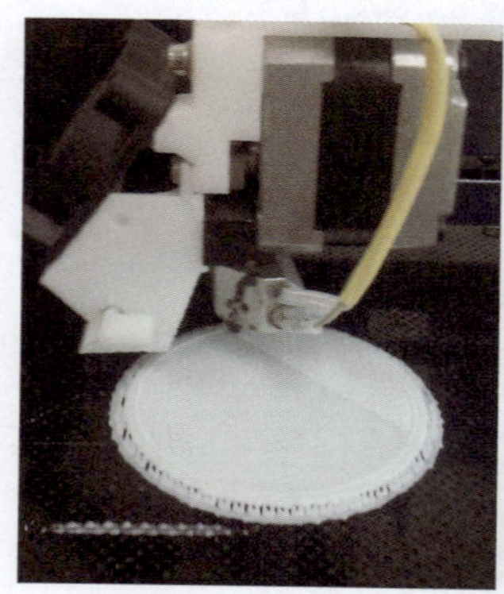
(d)打印圆柱模型底面(密封层)

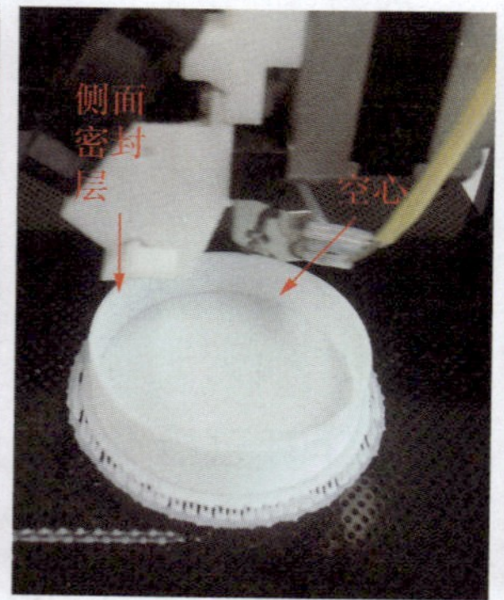

(e)打印圆柱模型主体

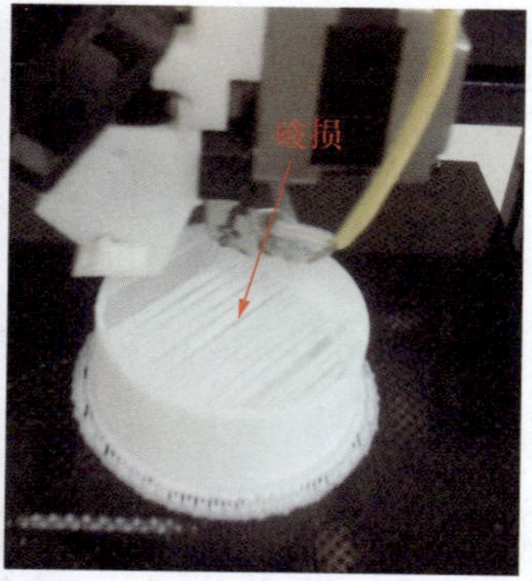

(f)打印圆柱模型顶面(密封层)

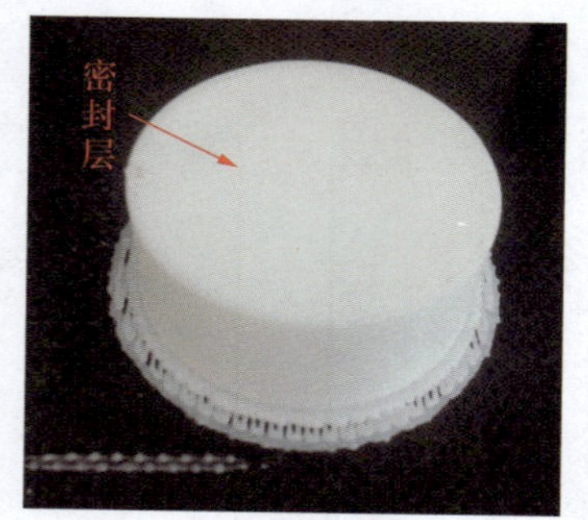

(g)打印结束

图 2.26 空心壳体 3D 打印成型过程

当喷头温度升高至 ABS 打印丝材加工温度 270 ℃时，UP Plus 2 3D 打印机开始进行打印：

①喷头移至工作台空白区(非打印模型所在区域),打印平台上升至喷头高度为 0 mm 的位置后,喷头挤出丝材并直线移动一定距离,将喷嘴多余的丝材清除,如图 2.26(a)所示。

②喷头停止挤出丝材,移至打印模型所在区域,喷头挤出丝材并按照设定线路移动,开始打印基底:首先沿打印机 Y 坐标方向以较大行间距打印两层基底支撑层,如图 2.26(a)所示,行间距约为 5 mm;然后减少行间距沿打印机 X 坐标方向打印两层基底支撑层,如图 2.26(b)所示,行间距减小至约 1 mm;最后沿与 Y 坐标成 30°的方向打印三层基底密封层,如图 2.26(c)所示。

③打印圆柱空心壳体模型

a.打印圆柱空心壳体模型底面,喷头沿与 Y 坐标成 45°的方向打印三层模型表面密封层,如图 2.26(d)所示。

b.打印圆柱空心壳体模型主体,侧表面为两层密封层,内部为空心,如图 2.26(e)所示。

c.打印圆柱空心壳体模型顶面,喷头沿与 Y 坐标成 45°的方向打印四层模型表面密封层,如图 2.26(f)所示。由于模型内部空心,顶面第一、二层密封层可能存在如图 2.26(f)所示的破损,需要后续打印的密封层将其覆盖。为了保证顶面完全密封,打印控制系统默认将顶面增加一层密封层(即顶面为四层密封层)。

圆柱空心壳体模型 3D 打印结束后,如图 2.26(g)所示。

2.4.5 模型拆卸与分析

打印结束并等待打印平板冷却后,将打印平板连同打印模型从打印机取下;采用小铲先将空心壳体模型从基底铲下,然后将基底从打印平板上铲下。拆卸后的模型与基底如图 2.27 所示。与任务 3 所得的填充实体圆柱相比,本任务所得的空心壳体圆柱刚度较低,底面和顶面与侧面连接强度较差,一般用于模型外观评价等。

(a)拆除前

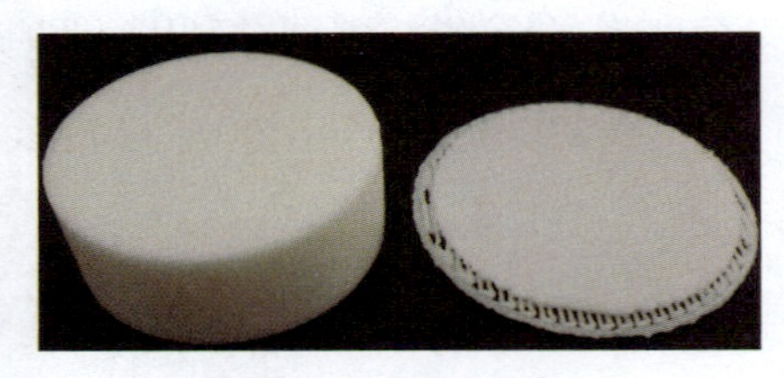
(b)拆除后(模型和基底)

图 2.27　空心壳体模型拆卸

任务2.5 3D打印单层面体

除了填充实体和空心壳体，UP Plus 2 3D 打印机还可以打印单层面体：在高度方向沿轮廓仅打印一层，与高度方向垂直的平面不打印，如图 2.28(b)所示。本任务以圆柱体为例，介绍单层面体模型的 3D 打印操作过程。

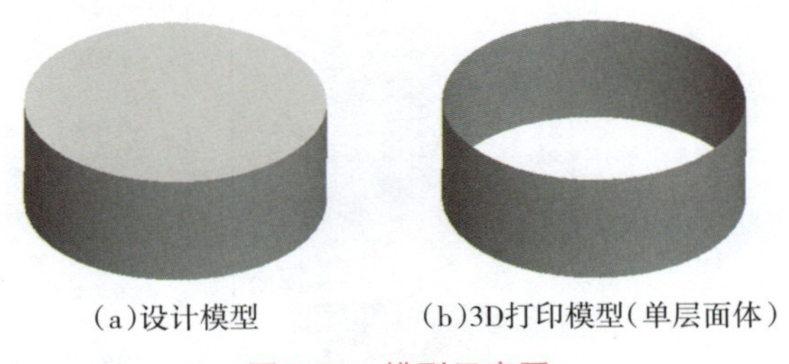

(a)设计模型　　(b)3D打印模型(单层面体)

图 2.28　模型示意图

2.5.1　打开三维模型与自动调整位置

打开 UP! 软件，根据保存路径选择要打印的三维模型"yuanzhu.stl"，单击"自动布局"，自动调整模型至默认最佳打印位置。

2.5.2　打印机初始化与平台预热

初始化打印机，使打印喷头和打印工作台返回打印机初始位置。打印机"初始化"完成后，在"三维打印"下拉菜单栏单击"平台预热 15 分钟"，进行打印平台预热。

2.5.3 打印预览与打印参数设置

①在工具栏中单击“三维打印”，弹出下拉菜单栏，如图 2.29 所示；单击“打印预览”，弹出打印预览设置窗口。

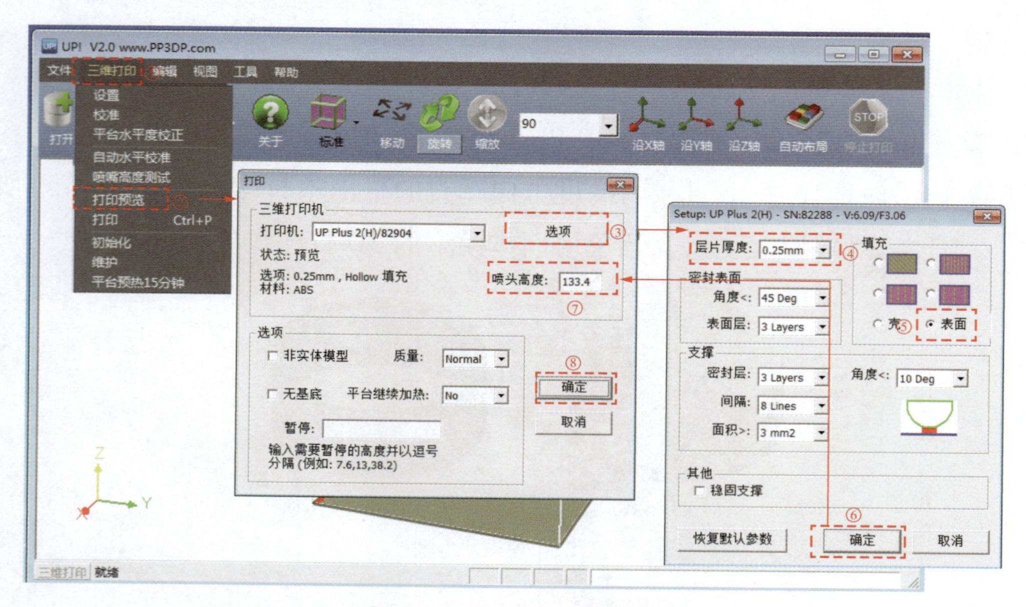

图 2.29 打印预览参数设置

②单击打印预览设置窗口中的“选项”，弹出参数选项设置窗口：“层片厚度”设为 0. 25 mm（与任务 2.3、任务 2.4 相同），“填充”选择“表面”模式（与任务 2.3、任务 2.4 不同）；单击“确定”返回打印预览设置窗口。

③在打印预览设置窗口设置“喷头高度”，具体数值通过喷嘴高度自动测试获得。

④单击打印预览设置窗口中的“确定”，系统自动对三维模型进行分层和增加支撑结构，分层完毕后弹出打印信息预算框，如图 2.30（a）所示，材料消耗为 4. 9 g，打印时间为 12 分钟。与任务 2.3“填充实体打印”和任务 2.4“空心壳体打印”相比，“单层面体”打印明显降低材料消耗量和打印时间。

⑤单击打印信息预算框中的“确定”，退出打印预览。

⑥确认打印与数据传输。通过“打印预览”确认参数无误后，可进行打印数据生成和传输。

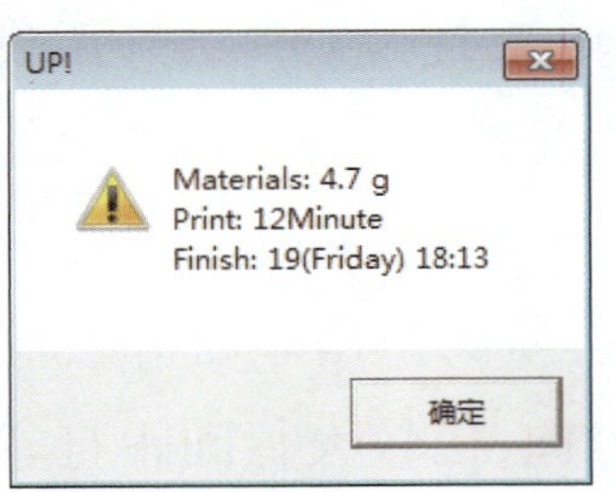

(a)单层面体

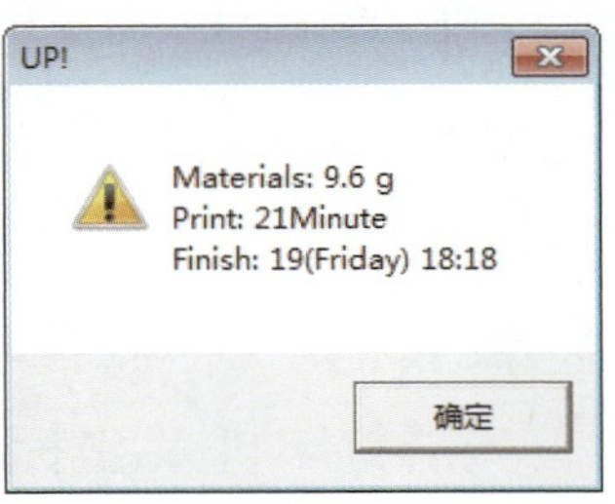

(b)空心壳体

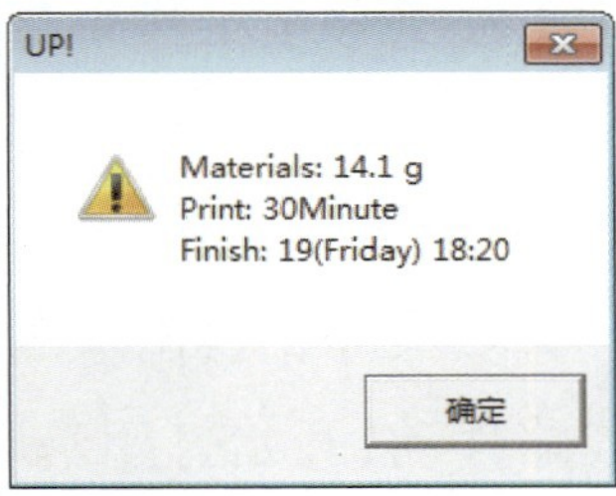

(c)填充实体

图 2.30 打印信息预算框

2.5.4 3D 打印成形过程

UP Plus 2 3D 打印机打印圆柱单层面体的过程如图 2.31 所示。

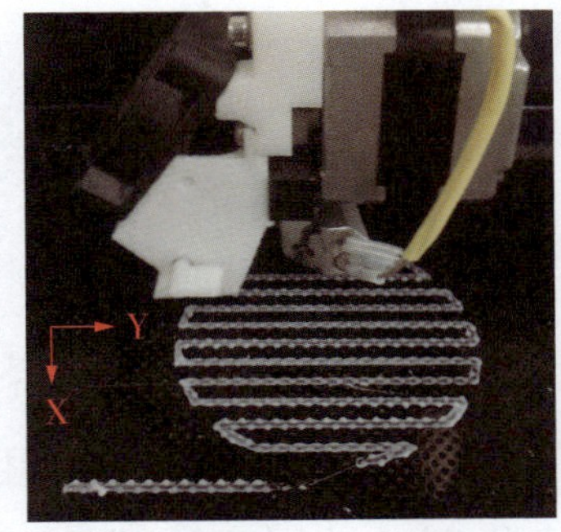

(a)清除喷嘴余料和打印基底支撑层（Y方向）

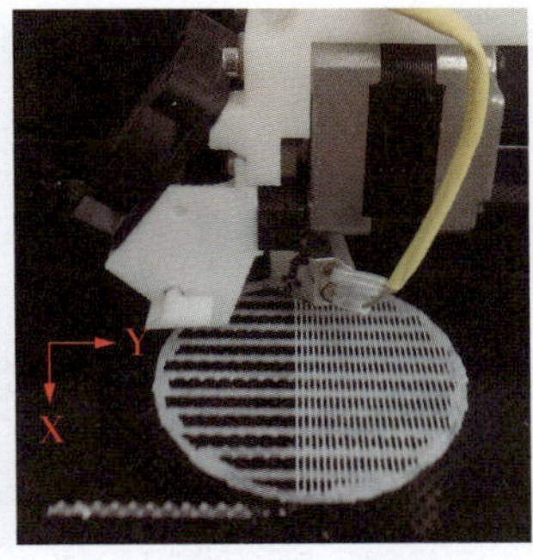

(b)打印基底支撑层（X方向）

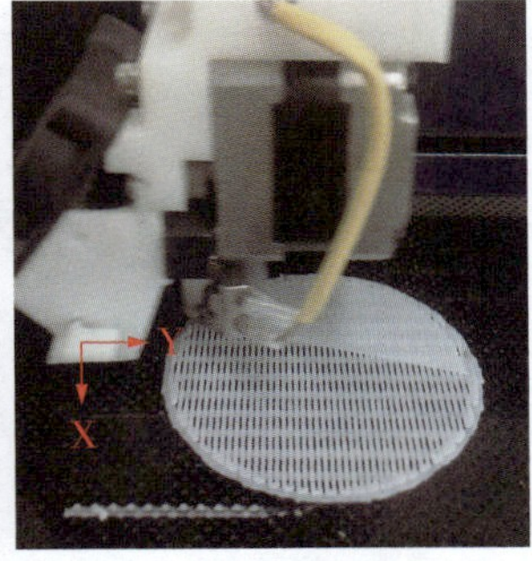

(c)打印基底密封层

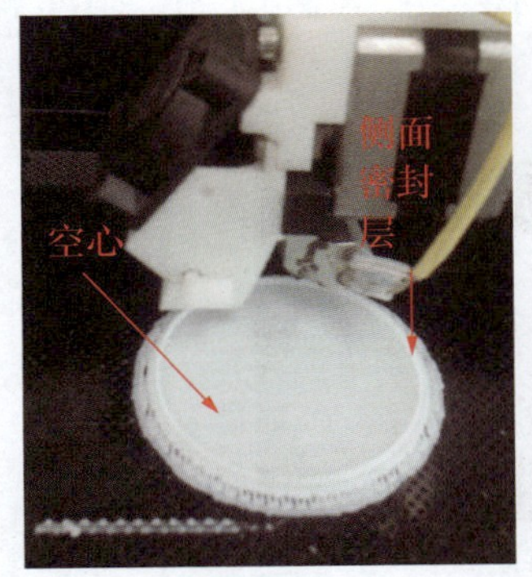

(d)打印圆柱侧表面(高度2 mm)

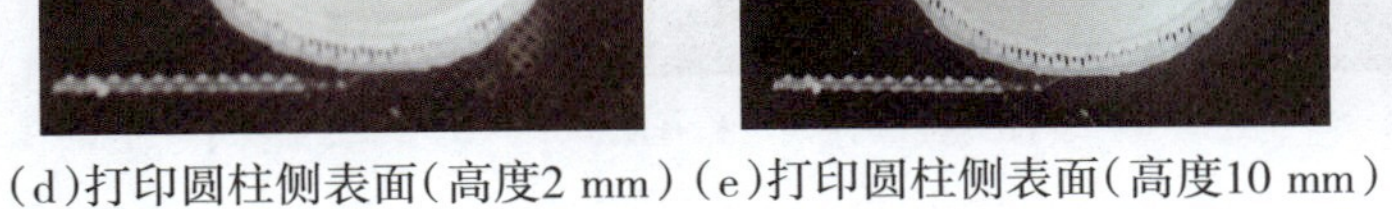
(e)打印圆柱侧表面(高度10 mm)

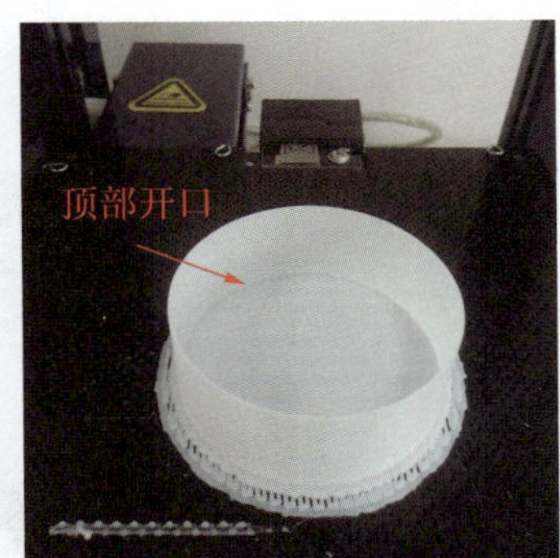

(f)打印结束

图 2.31 单层面体 3D 打印成形过程

当喷头温度升高至 ABS 打印丝材加工温度 270 ℃时，UP Plus 2 3D 打印机开始进行打印：

①喷头移至工作台空白区(非打印模型所在区域),打印平台上升至喷头高度为 0 mm 的位置后,喷头挤出丝材并直线移动一定距离,将喷嘴多余的丝材清除,如图 2.31(a)所示。

②喷头停止挤出丝材,移至打印模型所在区域,喷头挤出丝材并按照设定线路移动,开始打印基底:首先沿打印机 Y 坐标方向,以较大行间距打印两层基底支撑层,如图 2.31(a)所示,行间距约为 5 mm;然后减少行间距沿打印机 X 坐标方向打印两层基底支撑层,如图 2.31(b)所示,行间距减小至约 1 mm;最后沿与 Y 坐标成 30°的方向,打印三层基底密封层,如图 2.31(c)所示。

③打印圆柱单层面体模型侧表面:喷头挤出丝材并沿圆柱侧表面轮廓移动,打印一层侧表面(侧表面厚度约为 0.4 mm),内部空心,如图 2.31(d)所示。

圆柱表面单层面体模型 3D 打印结束后,如图 2.31(f)所示。

2.5.5 模型拆卸与分析

打印结束并等待打印平板冷却后,将打印平板连同打印模型取下;采用小铲先将三维模型零件从基底铲下,然后将基底从打印平板上铲下。拆卸后的模型如图 2.32(b)所示,为底部和顶部均开口的薄环。单层面体模型仅打印一层侧表面层,速度更快,表面质量优于填充实体和空心壳体,一般用于模型外观评价。

(a)拆除前

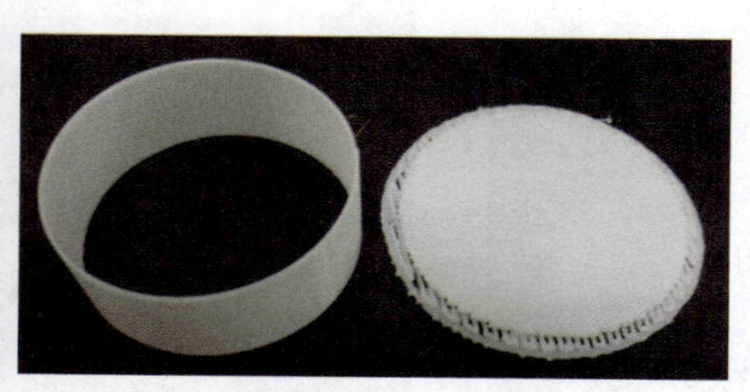

(b)拆除后(模型和基底)

图 2.32 模型拆卸

项目小结

本项目以圆柱模型为例，介绍了采用 UP Plus 2 3D 打印机打印成形不同类型模型的具体操作过程，操作者可推广应用于其他模型的打印。

如图 2.33 所示，UP Plus 2 3D 打印机成形的模型主要为三类：填充实体、空心壳体和单层面体。

①填充实体模型为内部正方形网格填充而表面封闭的模型，刚度较高，但打印时间长，一般用于装配检查、运动分析等。填充实体模型内部填充正方形网格的边长可指定，分别为 1、2、4 和 8 mm，边长越短，模型刚度越高。

②空心壳体模型为内部空心而表面封闭的模型，刚度较低，打印时间适中，一般用于模型整体外观评价等。

③空心单层面体模型为空心单层面体，打印成形时间短，表面质量优于填充实体和空心壳体，因此一般用于模型某些面的快速成形与评价。

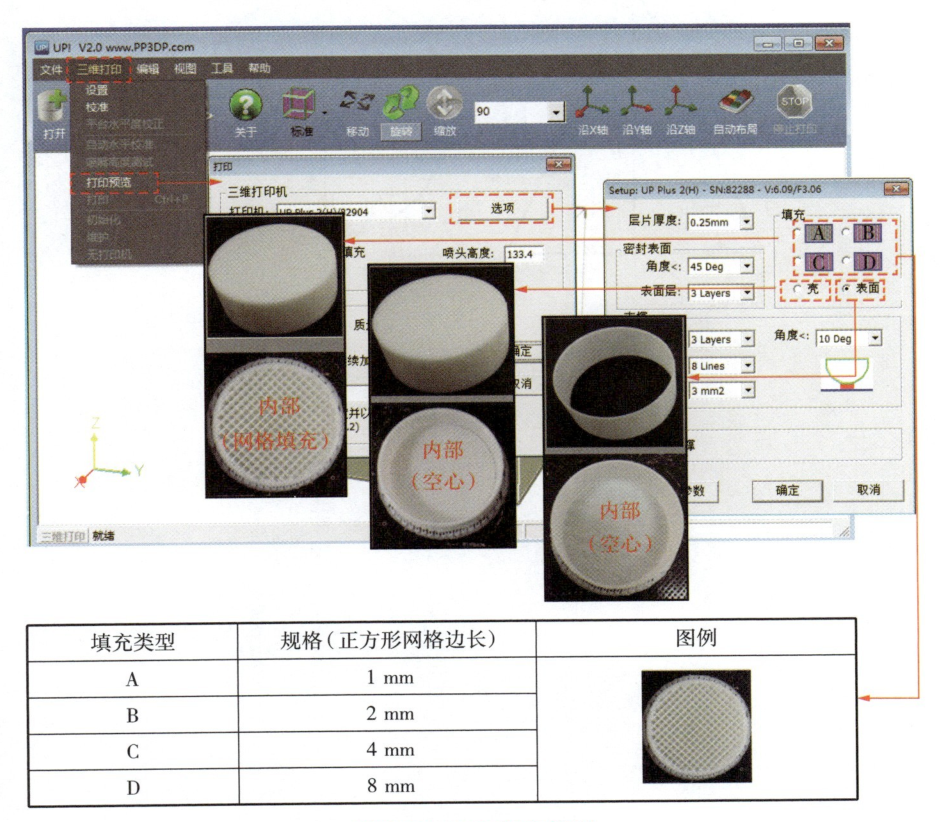

填充类型	规格（正方形网格边长）	图例
A	1 mm	
B	2 mm	
C	4 mm	
D	8 mm	

图 2.33　不同打印类型

【练习】

请分析题图2.1和题图2.2所示的模型二维图，并进行三维建模和采用不同类型进行3D打印成形。

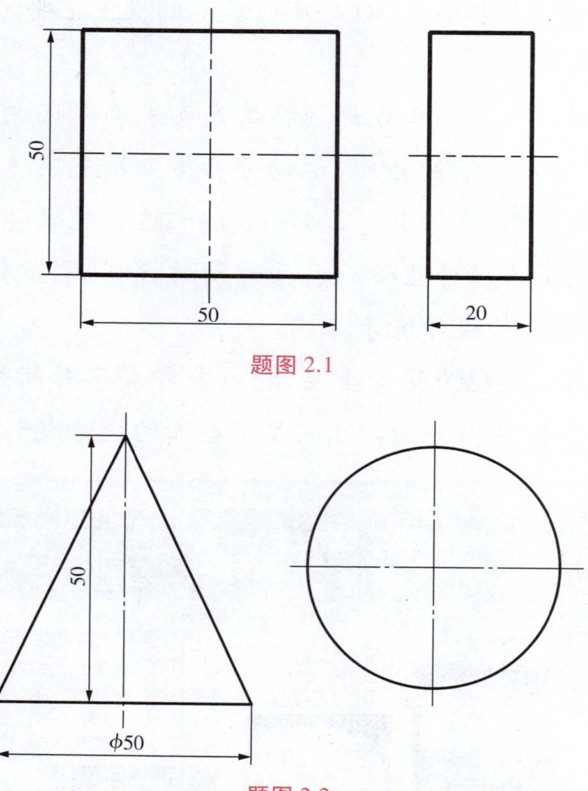

题图2.1

题图2.2

项目3

3D打印参数调整

由“项目 2”可知,UP Plus 2 3D 打印机可成形三类模型:填充实体、空心壳体和单层面体。一般情况下,填充实体打印时,采用系统默认打印参数即可满足打印要求;而空心壳体和单层面体打印时,则需要根据打印结果进行适当调整。本项目将以图 3.1 所示椭球体为例,深入介绍 3D 打印单层面体模型和空心壳体模型的打印操作与参数调整。本项目首先通过 Pro-E 软件创建如图 3.2 所示的球体,然后通过 UP Plus 2 3D 打印机控制软件将球体变形为椭球体,最后进行 3D 打印。

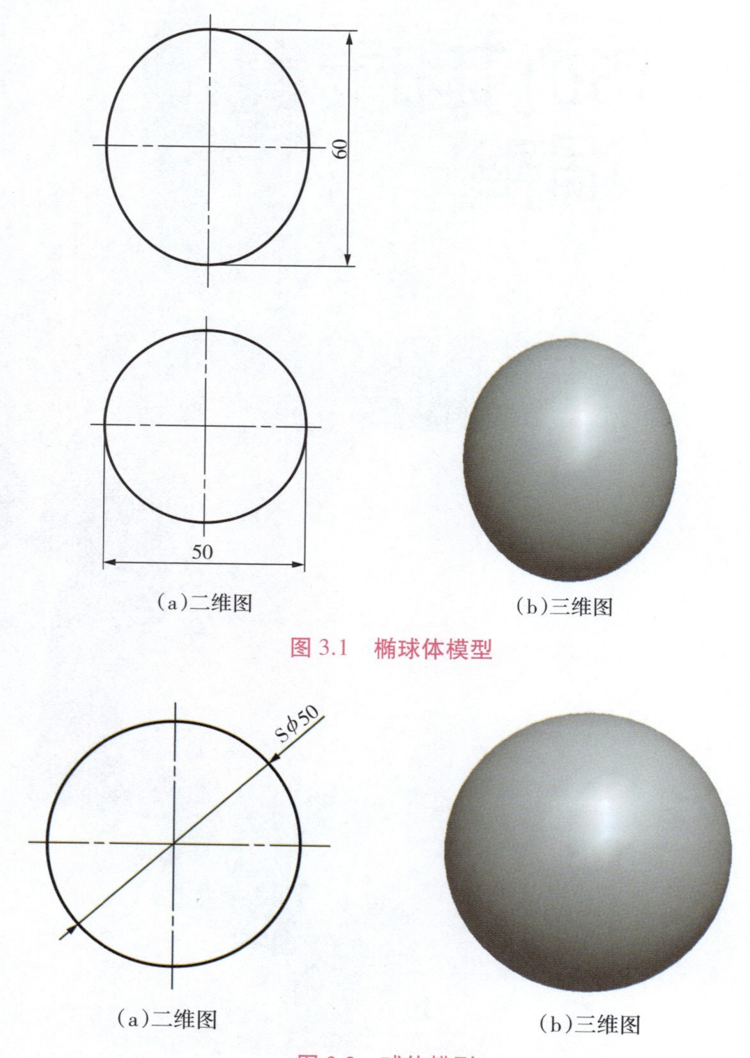

图 3.1　椭球体模型

图 3.2　球体模型

任务 3.1 建立三维模型

(1)初始界面

双击 打开 Pro/E Wildfire 5.0 软件,其初始界面如图 3.3 所示。

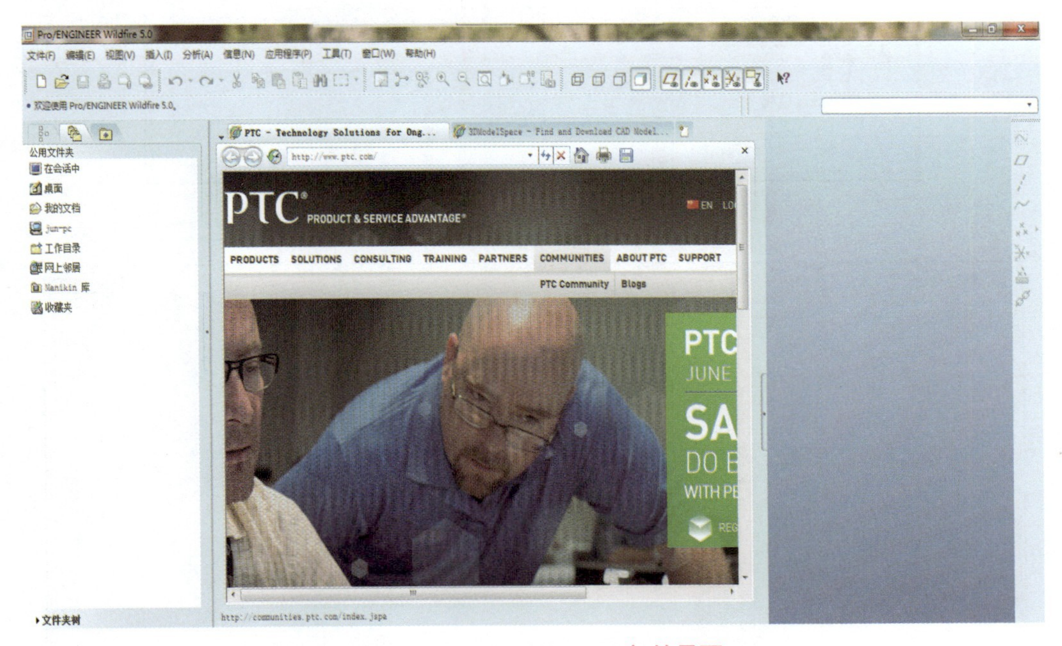

图 3.3 Pro/E Wildfire 5.0 初始界面

(2)新建文件

在初始启动界面左上角单击 ,创建新对象,进入“新建”对话框,如图 3.4 所示,在“新建”对话框中进行两处修改:

a.在“名称”后面输入新建文件的名称“qiuti”。

b.取消勾选“使用缺省模块”。

“新建”对话框中保持“类型”选项组的默认选项“零件”和“子类型”选项组的默认选项“实体”。单击“确定”,弹出“新文件选项”对话框,如图 3.5

所示。

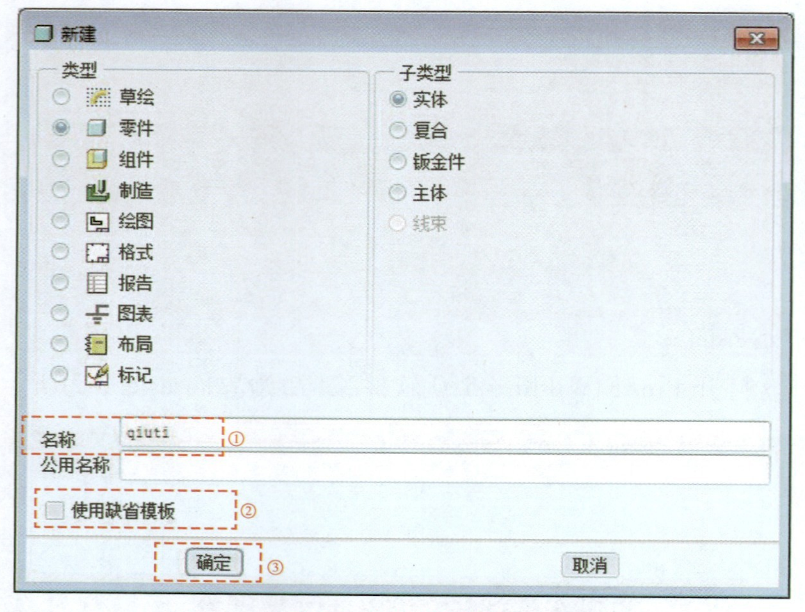

图 3.4 “新建”对话框

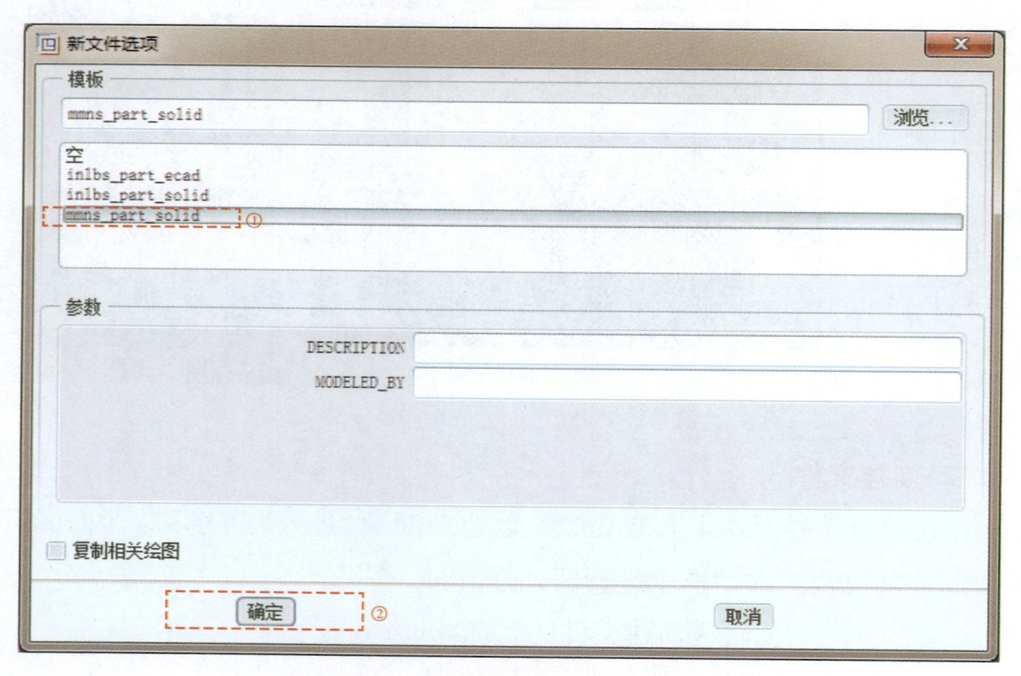

图 3.5 “新文件选项”对话框

在“新文件选项”对话框里选择“mms_part_solid”(公制模板),单击“确定”,弹出零件模型创建工作界面,如图 3.6 所示。

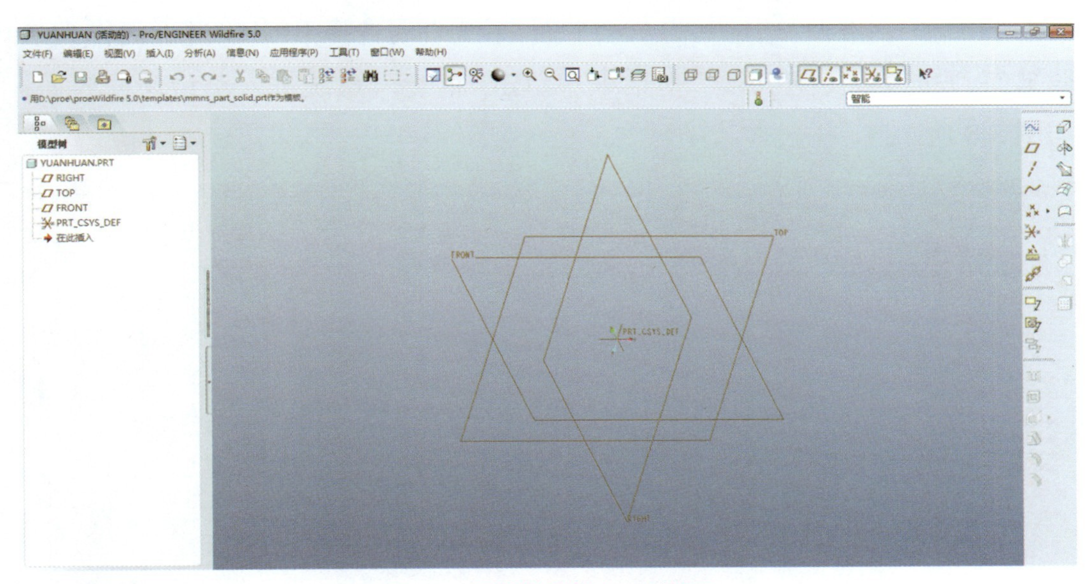

图 3.6　零件模型创建工作界面

(3)通过“旋转”创建圆球三维模型

①单击界面右侧“旋转”命令按钮 ，显示“旋转”操控板，如图 3.7 所示，进入“旋转”建模状态。

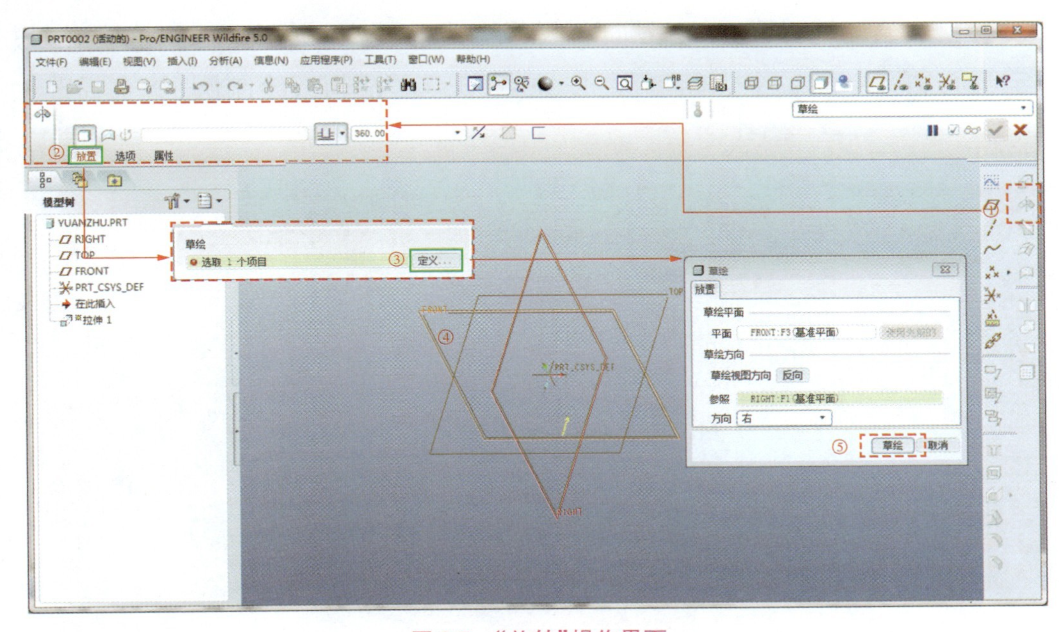

图 3.7　“旋转”操作界面

②单击“旋转”操控板“放置”命令，弹出“放置”下滑对话框；单击“放置”下滑对话框中的“定义”命令，弹出“草绘”对话框，如图 3.7 所示；在工作界面

单击 FRONT 基准面，选定其为草绘平面，系统自动选择 RIGHT 基准面作为参照平面，方向为右；在“草绘”对话框中单击“草绘”，系统进入草绘环境界面，如图 3.8 所示。

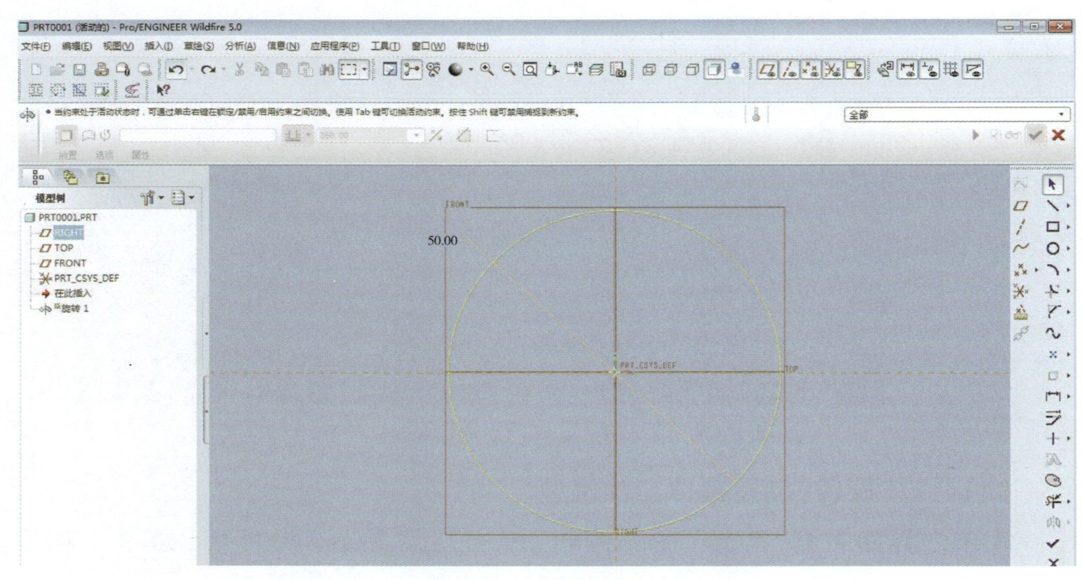

图 3.8　草绘界面

③在草绘环境界面，单击界面右侧草绘器工具栏“圆”命令按钮 ○，通过指定圆心和圆上的一个点绘制圆：以原点（0,0）为圆心，绘制圆，将直径改为 50 mm。

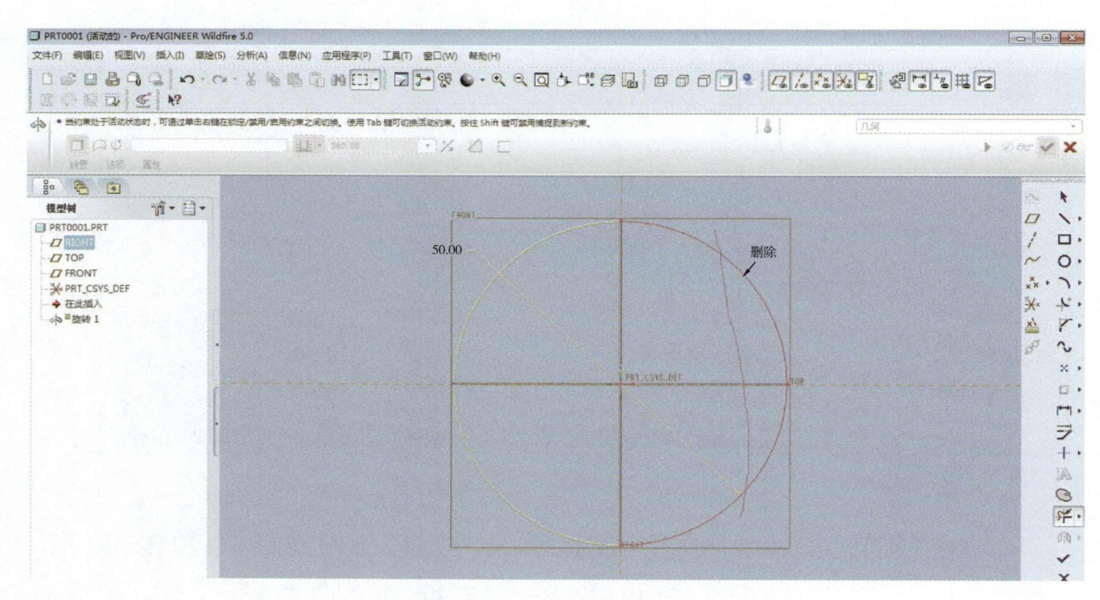

图 3.9　草绘编辑

④把圆修剪成半圆，如图 3.9 所示：单击界面右侧草绘工具栏“删除段”命令按钮 ，接着按住鼠标左键，在圆形右侧拖动鼠标接触圆形图案，把圆修剪成一半。

⑤绘制直线将半圆密封，如图 3.10 所示。

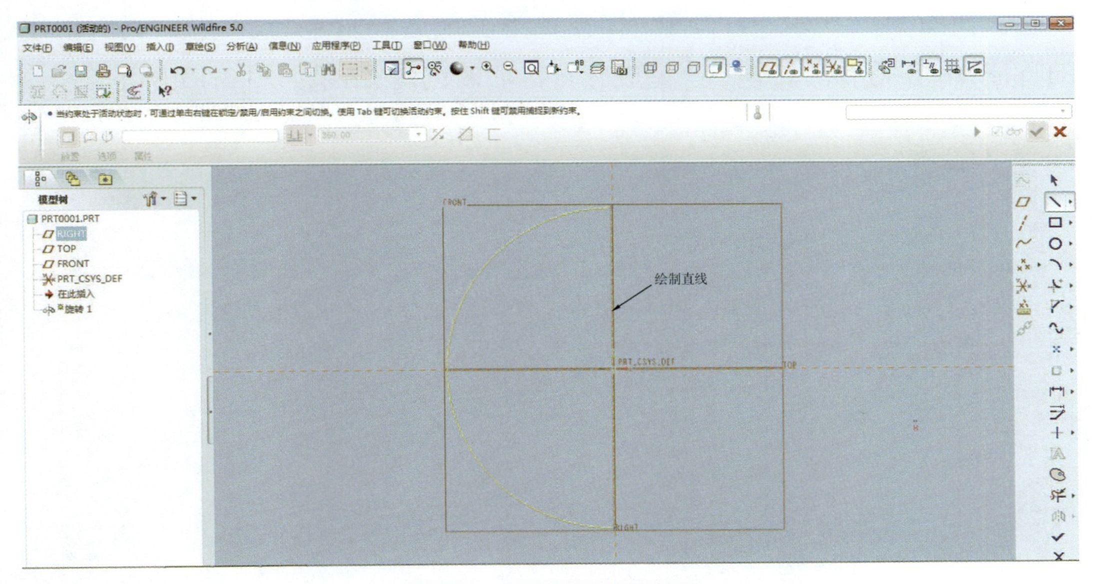

图 3.10　草绘半圆密封直线

⑥绘制旋转中心线，如图 3.11 所示：单击界面右侧草绘工具栏“线”命令

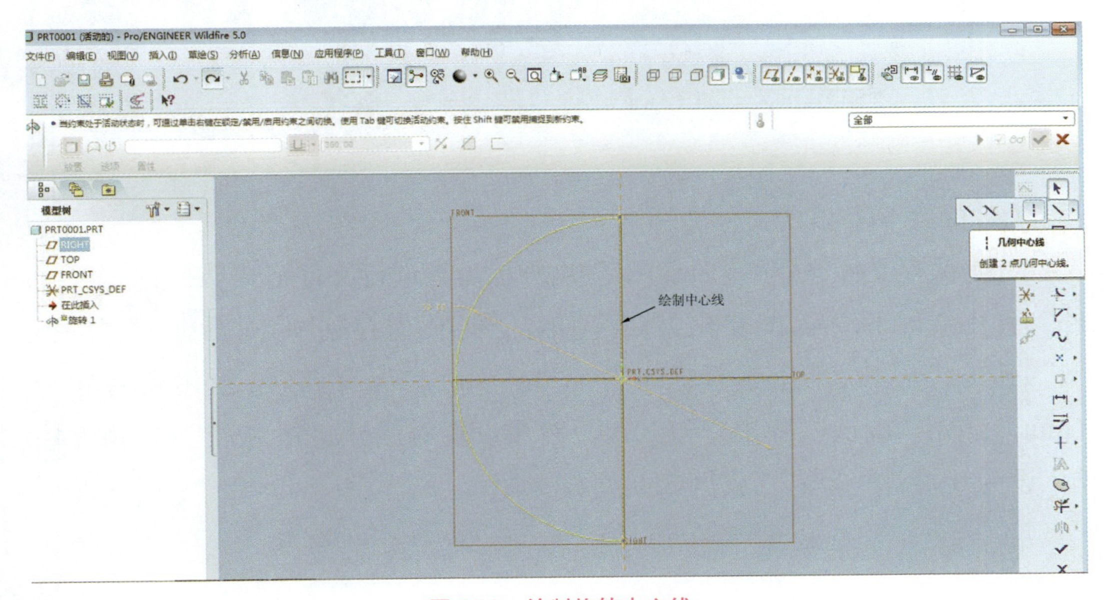

图 3.11　绘制旋转中心线

按钮 旁边的三角形箭头，弹出线的扩展栏 ，再次单击“几何中心线”命令按钮 ，通过起点和终点来绘制几何中心线：单击(0,0)点为起点，移动鼠标单击；单击草绘器工具栏中“完成”按钮 ，完成草图绘制，系统返回“旋转”在中心小点作为终点控板。

⑦如图 3.12 所示，在“旋转”操控板单击预览按钮 ，可以预览所创建的特征；单击“完成”按钮 ，完成旋转特征的创建，结果如图 3.13 所示。

图 3.12　绘画旋转中心线

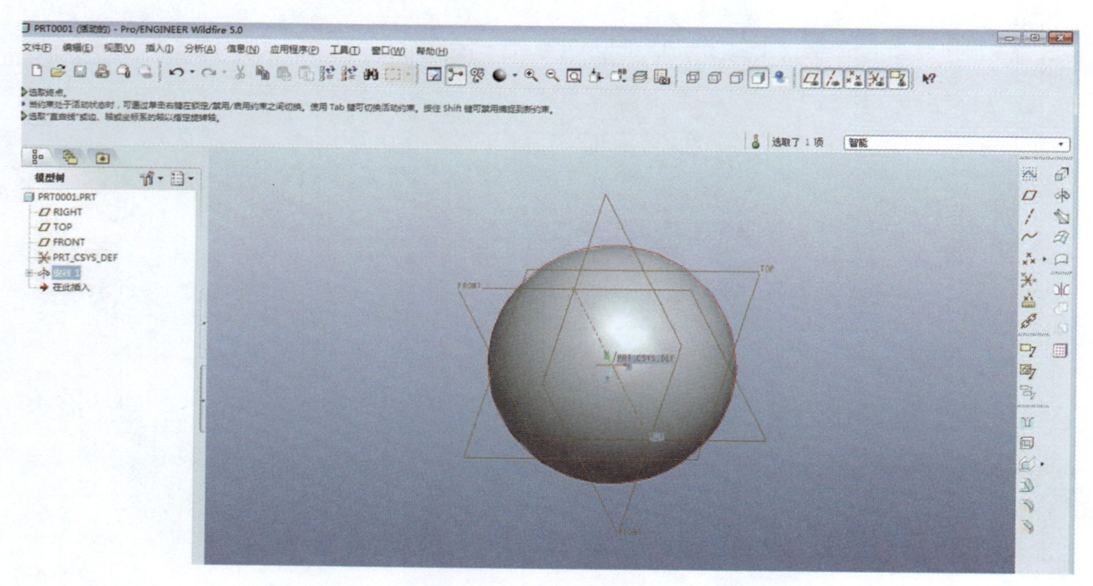

图 3.13　球体三维模型

(4)保存 STL 格式文件

首先保存文件，然后按照如图 3.14 所示步骤进行文件格式转换：单击“文件”，弹出文件下滑菜单；单击“保存副本”，弹出“保存副本”对话框；单击“类型”，弹出扩展栏；单击选择 STL 格式(＊.stl)和保存路径；创建新名称为“qiuti”，单击“确认”，弹出“导出 STL”参数设置对话框，将“弦高”和“角度控制”设为 0；单击“确定”，获得 STL 格式文件。

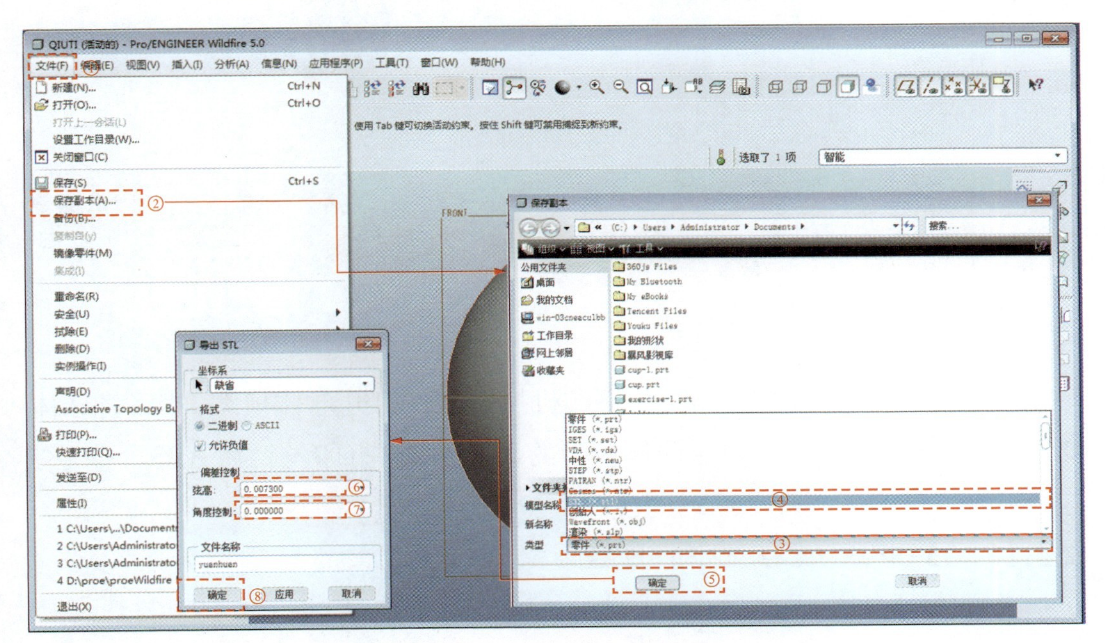

图 3.14 文件格式转换

任务 3.2 3D 打印椭圆球单层面体模型

本任务首先在 UP Plus 2 3D 打印机控制软件打开球体模型，然后将球体变形为椭圆球，最后进行单层面体模型的 3D 打印。打印丝材为 ABS。

3.2.1 打开三维模型与调整

①打开 UP! 软件，根据保存路径选择要打印的三维模型“qiuti.stl”。

②通过如图 3.15 所示操作步骤，使球体沿 Z 方向伸长 1.2 倍，变形为椭球体。

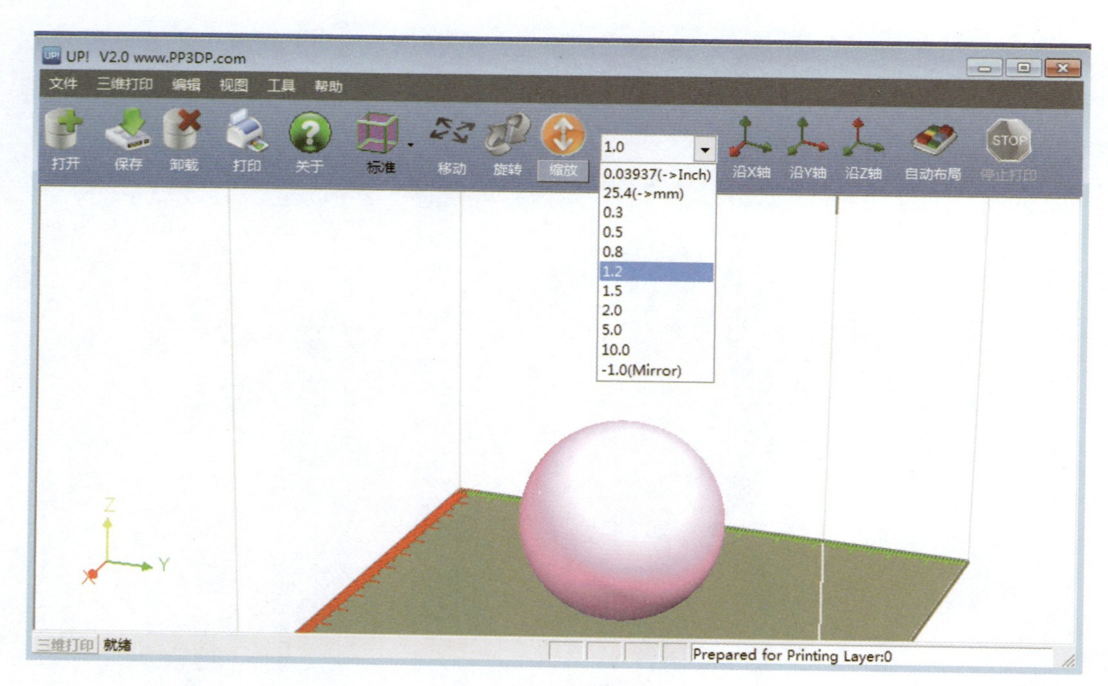

图 3.15 缩放操作

a.单击“缩放”按钮，激活缩放功能。

b.单击“倍率”窗口右侧的三角形 1.0 ，在弹出扩展栏中单击选中1.2(或在“倍率”窗口输入1.2)。

c.单击缩放方向选择按钮 (Z向)，球体变形为椭球体，如图3.16所示。

图3.16 椭球体

③单击“自动布局”自动调整模型至默认最佳打印位置。

3.2.2 打印机初始化与平台预热

初始化打印机，使打印喷头和打印工作台返回打印机初始位置。打印机“初始化”完成后，在“三维打印”下拉菜单栏单击“平台预热15分钟”，进行打印平台预热。

3.2.3 打印预览与打印参数设置

①在工具栏中单击“三维打印”，弹出下拉菜单栏，如图3.17所示；单击“打印预览”，弹出打印预览设置窗口。

②单击打印预览设置窗口“选项”弹出参数选项设置窗口：单击“恢复默认参数”，使得参数选项恢复默认值(片层厚度为0.25 mm)；“填充”选择“表面”模式；单击“确定”返回打印预览设置窗口。

③打印预览设置窗口设置“喷头高度”，具体数值通过喷嘴高度自动测试

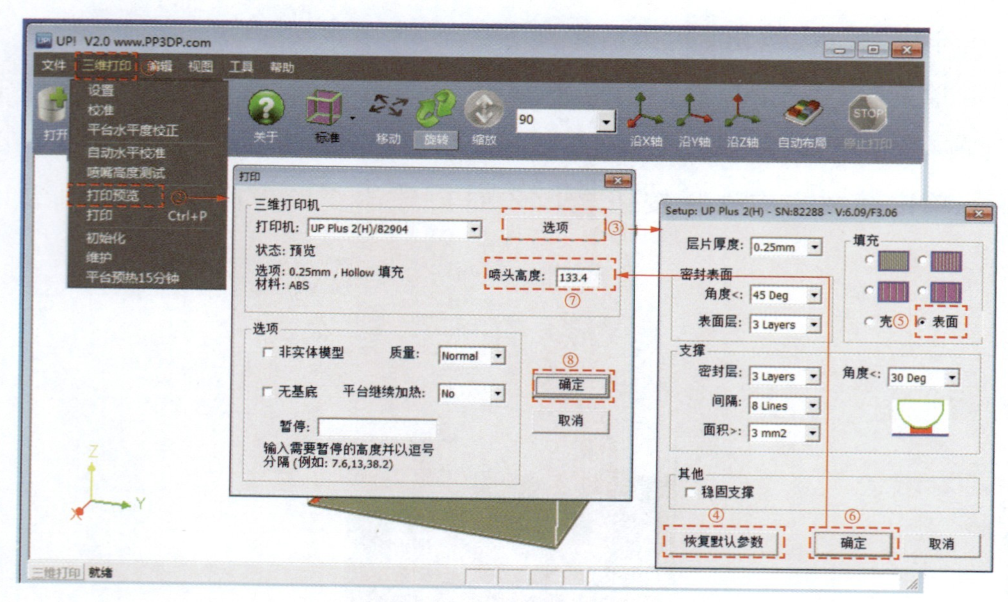

图 3.17 打印预览参数设置

获得。

④单击打印预览设置窗口“确定”,系统自动对三维模型进行分层和增加支撑结构,分层完毕后,弹出打印信息预算框,如图 3.18 所示,打印需消耗丝材 5.1 g,打印时间为 21 分钟。

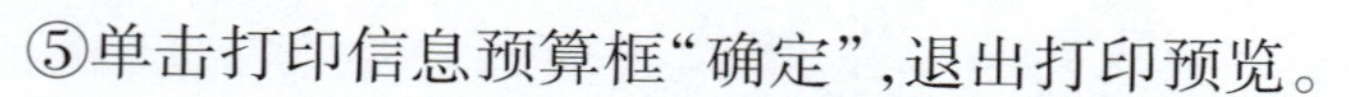
⑤单击打印信息预算框“确定”,退出打印预览。

图 3.18 预览对话框

⑥打印数据生成与传输

通过“打印预览”确认参数无误后,即可进行打印数据生成和传输。在工具栏中单击“三维打印”弹出下拉菜单栏,如图 3.19 所示;单击“打印”,弹出打印设置窗口;检查参数无误后,单击“确定”,系统自动进行三维模型分层并向打印机传输数据,分层完毕后,弹出打印信息预算框;单击“确定”退出。

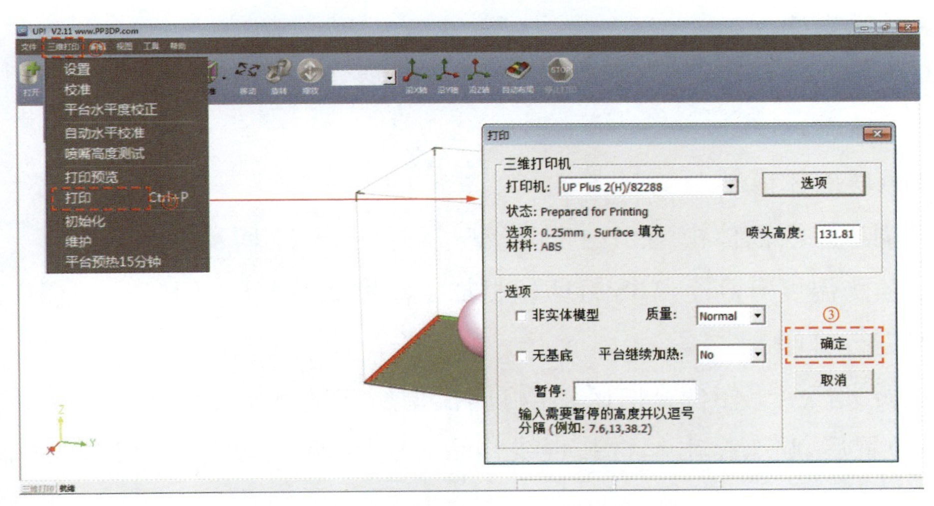

图 3.19　打印数据生成和传输

3.2.4　3D 打印成型过程

理想情况下，UP Plus 2 3D 打印机将打印出如图 3.20 所示的椭圆球单层面体模型，打印成型顺序依次为：

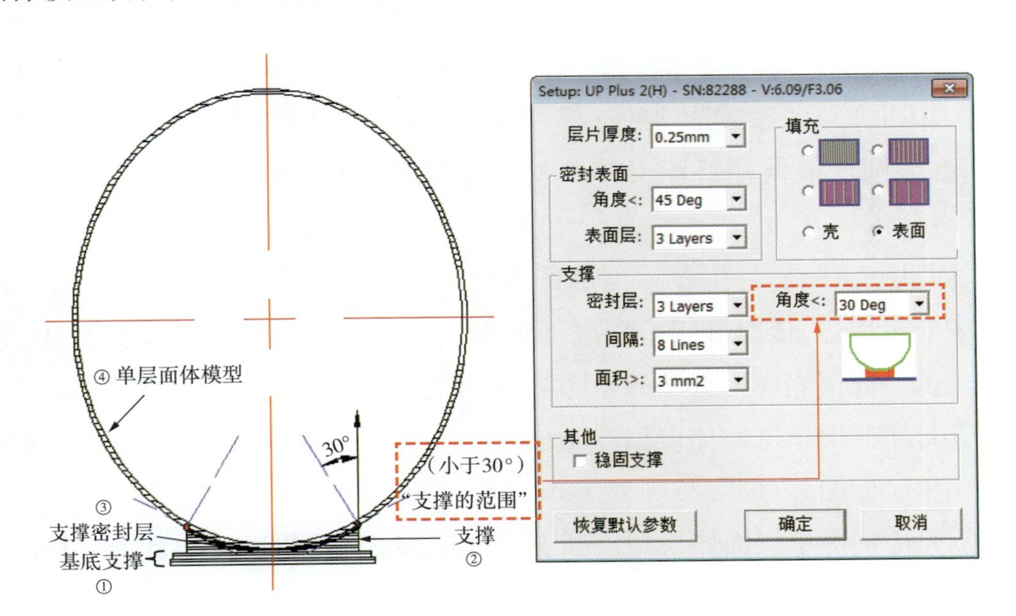

图 3.20　椭圆单层面体模型示意图

a.基底支撑。

b.支撑。

c.支撑密封层。

d.单层面体模型。

椭圆球单层面体模型3D打印成型过程如图3.21所示。

当喷头温度升高至ABS打印丝材加工温度270 ℃时,UP Plus 2 3D打印机开始进行打印:

①喷头移至工作台空白区(非打印模型所在区域),下降至喷头高度为0 mm的位置后,喷头挤出丝材并直线移动一定距离,将喷嘴多余的丝材清除,如图3.21(a)所示。

②喷头停止挤出丝材,移至打印模型所在区域,喷头挤出丝材并按照设定线路移动,开始打印基底支撑:首先沿打印机Y坐标方向以较大行间距打印两层基底支撑层,如图3.21(a)所示,行间距约为5 mm;然后减少行间距沿打印机X坐标方向打印两层基底支撑层,如图3.21(b)所示,行间距减小至约1 mm。

③打印支撑和支撑密封层,为后续成形的椭圆球模型底部产生固定。支撑的范围为椭圆球模型底部表面法向与Z轴的夹角小于30°的区域。支撑范围的大小可在打印参数选项的支撑“角度”中选择,如图3.20所示。在支撑范围内,在椭圆球最低端打印支撑密封层,而在其他区域继续打印支撑,如图3.21(c)所示。

④打印支撑、密封层及模型底部表面。随着成型高度的增加,从支撑范围的中心至周边,依次打印模型底部表面、支撑密封层和支撑,如图3.21(d)所示。模型底部表面为分离的轮廓层,而不是整体面。

⑤打印椭圆单层面体模型侧面,如图3.21(f)~(h)所示。喷头沿模型轮廓打印单层侧面,内部空心。

⑥打印椭圆单层面体模型顶部表面,如图3.21(i)所示。模型顶部表面出现破孔。

⑦椭圆空心面体模型3D打印结束后,如图3.21(j)所示。

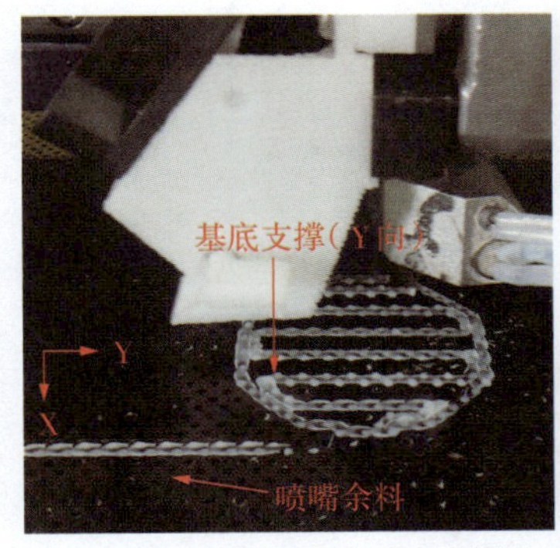

(a)清除喷嘴余料和打印基底支撑层（Y方向）

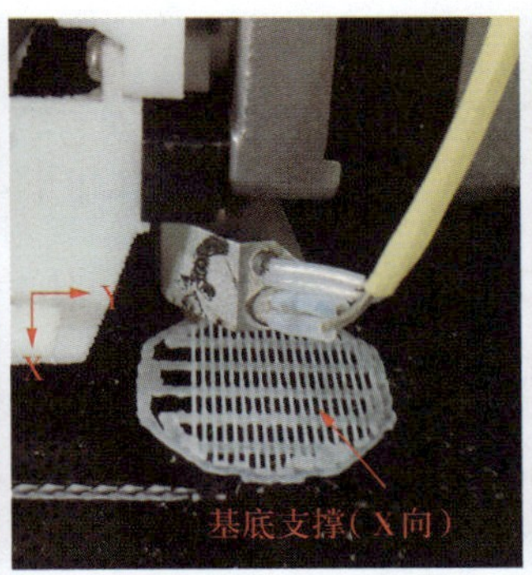

(b)打印基底支撑层（X方向）

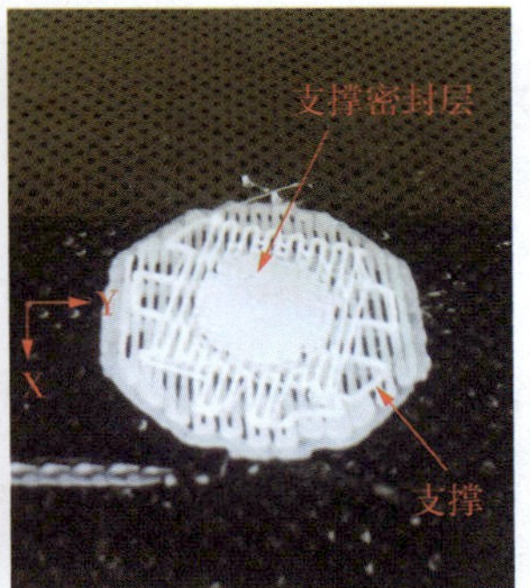

(c)打印支撑及密封层

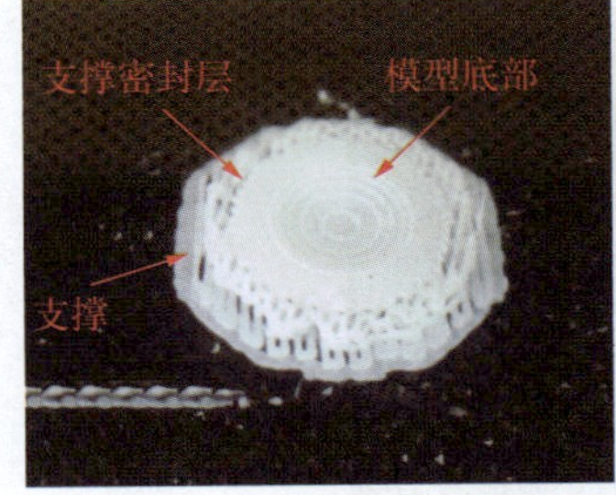

(d)打印支撑、密封层及模型底部表面

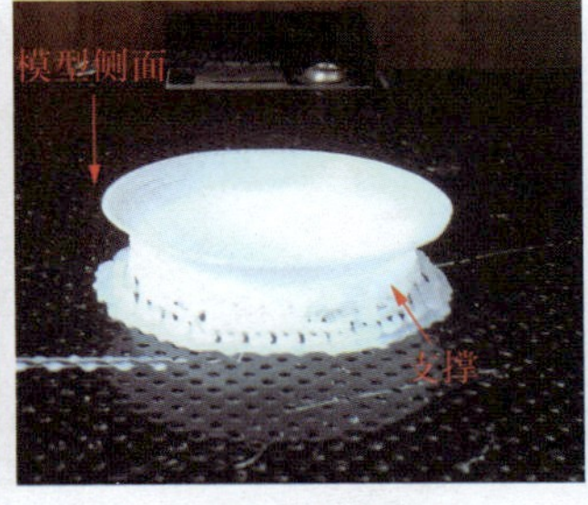

(e)打印模型侧面

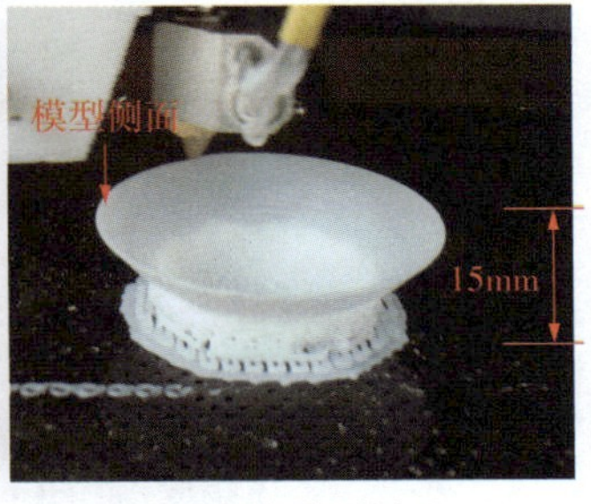

(f)打印模型侧面

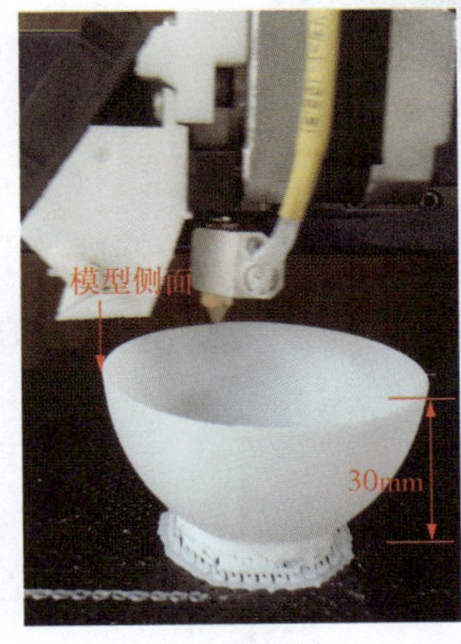

(g)打印模型侧面

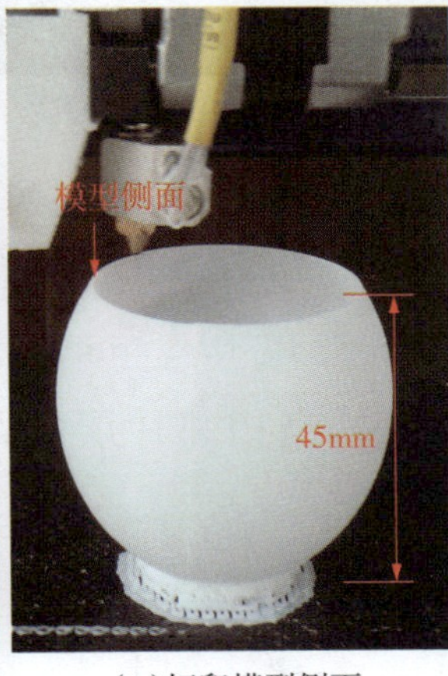

(h)打印模型侧面

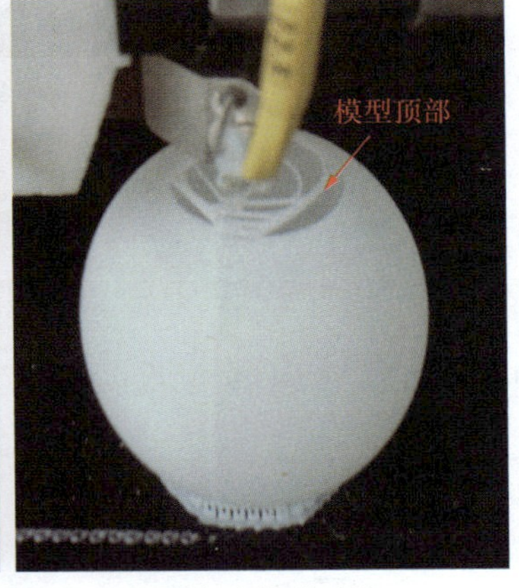

(i)打印模型顶部

(j)打印结束

图 3.21 椭圆球单层面体模型 3D 打印成型过程

3.2.5 模型拆卸与分析

打印结束并等待打印平板冷却后，将打印平板连同打印模型取下；用小铲先将三维模型零件从基底铲下，然后将基底和支撑从打印平板上铲下。拆卸后的模型、基底及支撑，如图 3.22 所示。模型顶部和底部表面均出现较大面积的破孔。

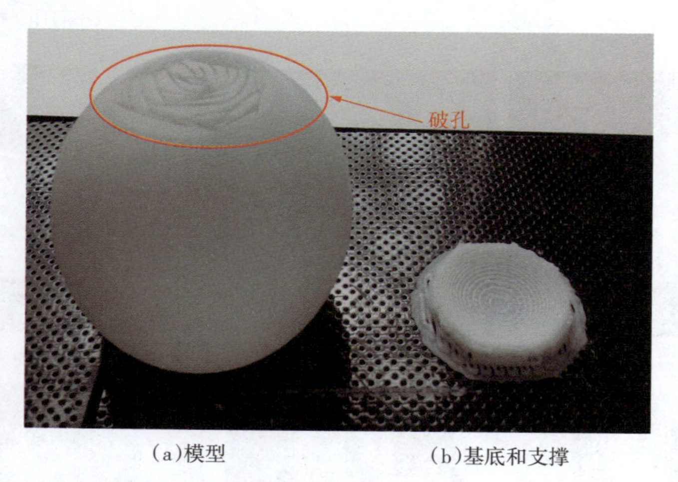

(a)模型　　(b)基底和支撑

图 3.22　模型拆卸

椭圆单层面体模型底部和顶部的破孔，由其几何结构和 3D 打印分层成形导致。如图 3.23 所示，采用层片厚度 0. 25 mm 打印时，层片宽度约为 0. 4 mm，在椭圆球顶部和底部的片层中，当相邻片层的距离 $d \geqslant 0$ 时，模型必然存

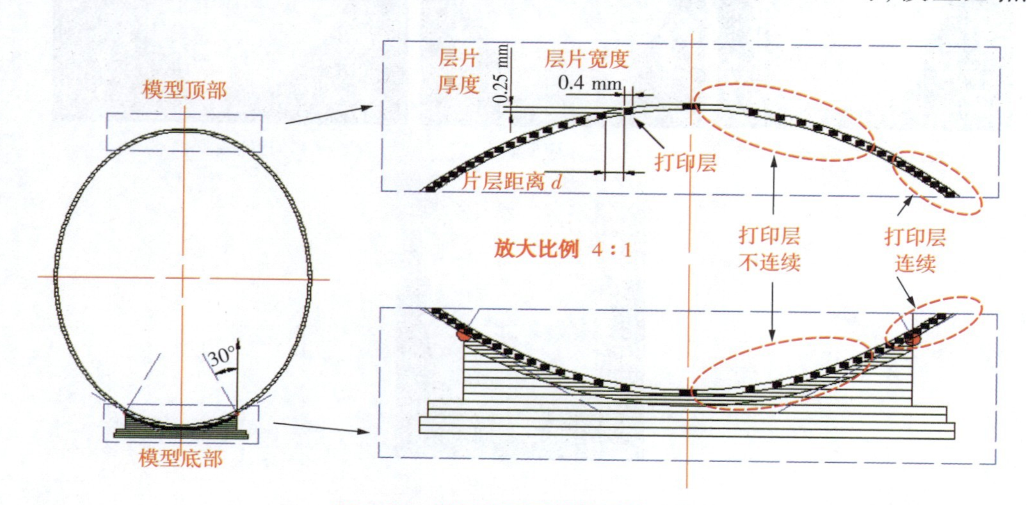

图 3.23　椭圆单层面体模型片层分析

在不连接的打印层。降低片层厚度，使得模型顶部和底部分层加密，可减少破孔区域。图 3.24(b)所示为采用 UP Plus 2 3D 打印机最薄层片厚度(0. 15 mm)打印所得的椭圆单层面体模型，模型顶部破孔面积明显减少。

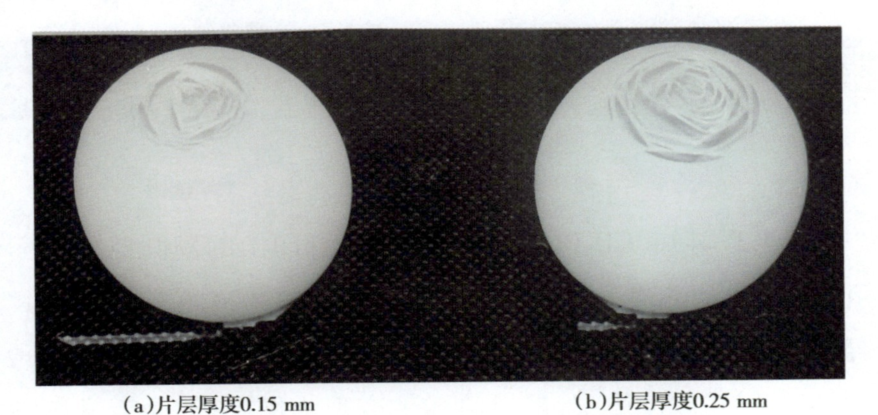

(a)片层厚度0.15 mm (b)片层厚度0.25 mm

图 3.24 不同片层厚度打印所得模型比较

任务 3.3 3D 打印椭圆球空心壳体模型

由“任务 3.2”可知，UP Plus 2 3D 打印机打印出的椭圆球单层面体模型存在破孔，若需要消除破孔，需要选用空心壳体模式或填充实体模式。本任务将介绍椭圆球空心壳体模型的打印与参数调整。首先在 UP Plus 2 3D 打印机控制软件打开球体模型，然后将球体变形为椭圆球，最后进行空心壳体模型的 3D 打印。打印丝材为 ABS。

3.3.1 打开三维模型与调整

①打开 软件，根据保存路径选择要打印的三维模型“qiuti.stl”。

②使球体沿 Z 方向伸长 1.2 倍，变形为椭球体（具体操作步骤参见图 3.15）。

③单击“自动布局” ，自动调整模型至默认最佳打印位置。

3.3.2 打印机初始化与平台预热

初始化打印机，使打印喷头和打印工作台返回打印机初始位置。打印机“初始化”完成后，在“三维打印”下拉菜单栏单击“平台预热 15 分钟”，进行打印平台预热。

3.3.3 打印预览与打印参数设置

①在工具栏中单击“三维打印”，弹出下拉菜单栏，如图 3.25 所示；单击

"打印预览",弹出打印预览设置窗口。

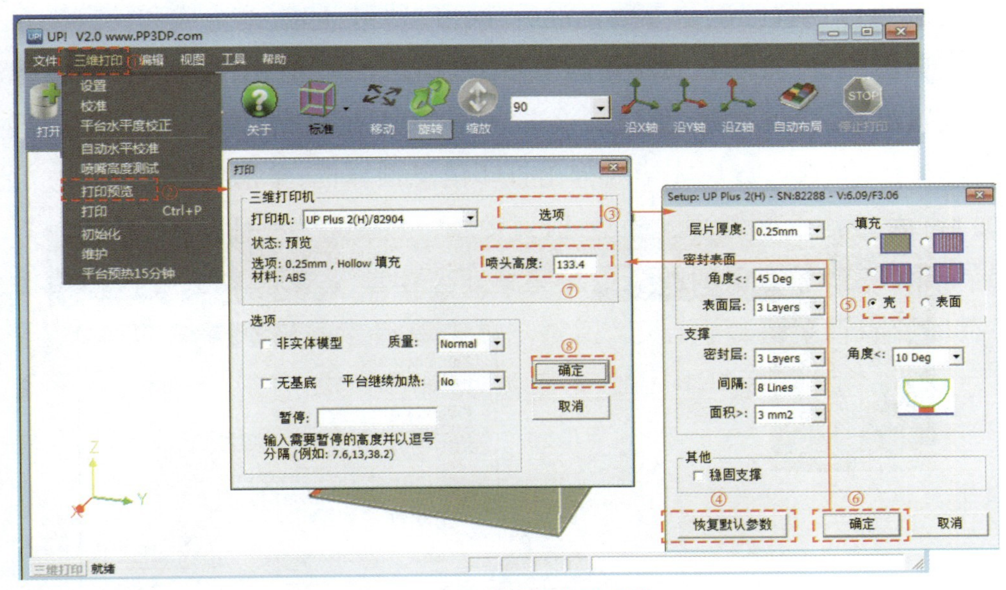

图 3.25　打印预览参数设置

②单击打印预览设置窗口"选项",弹出参数选项设置窗口:单击"恢复默认参数",使得参数选项恢复默认值(片层厚度为 0.25 mm);"填充"选择"壳"模式;单击"确定"返回打印预览设置窗口。

③打印预览设置窗口设置"喷头高度",具体数值通过喷嘴高度自动测试获得。

④单击打印预览设置窗口"确定",系统自动对三维模型进行分层和增加支撑结构,分层完毕后,弹出打印信息预算框,如图 3.26 所示,打印需消耗丝材 10.1 g,打印时间为 31 分钟。

⑤单击打印信息预算框"确定",退出打印预览。

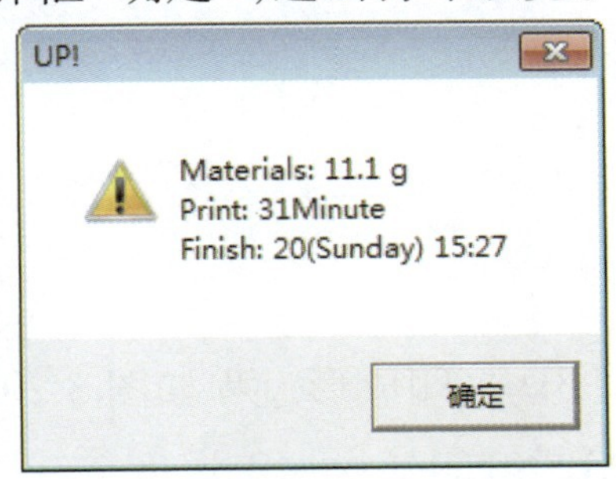

图 3.26　预览对话框

⑥打印数据生成与传输

通过“打印预览”确认参数无误后，即可进行打印数据生成和传输。在工具栏中单击“三维打印”，弹出下拉菜单栏，如图 3.27 所示；单击“打印”，弹出打印设置窗口；检查参数无误后，单击“确定”，系统自动进行三维模型分层并向打印机传输数据，分层完毕后弹出打印信息预算框；单击“确定”退出。

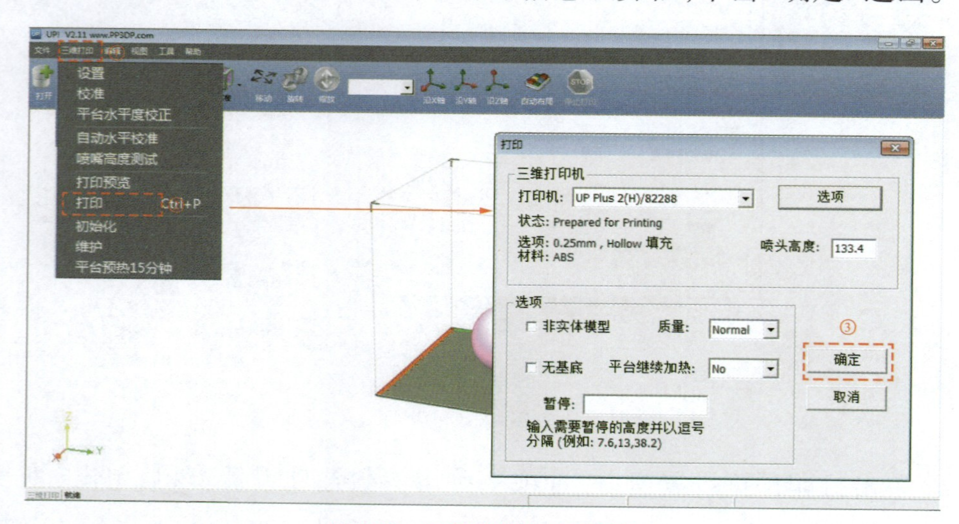

图 3.27　打印数据生成和传输

3.3.4　3D 打印成形过程

理想情况下，UP Plus 2 3D 打印机将打印得到如图 3.28 所示的椭圆球空心壳体模型，打印成型顺序依次为：

a.基底支撑。

b.支撑。

c.支撑密封层。

d.密封表面（底部）。

e.侧面（两层）。

f.密封表面（顶部）。

椭圆球空心壳体模型 3D 打印成形过程如图 3.29 所示。

当喷头温度升高至 ABS 打印丝材加工温度 270 ℃时，UP Plus 2 3D 打印机开始进行打印：

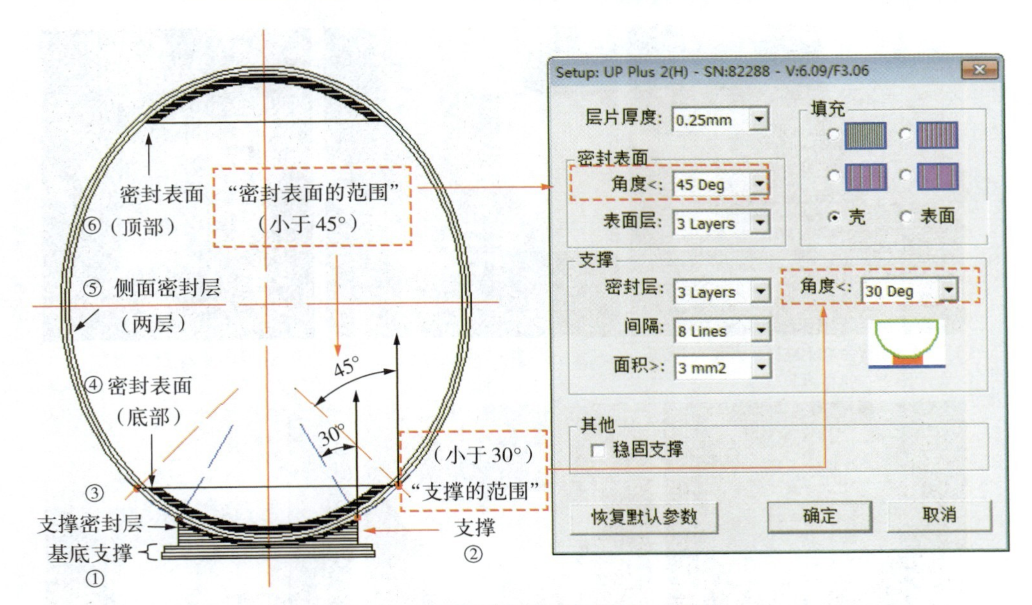

图 3.28　椭圆球空心壳体模型示意图

①喷头移至工作台空白区(非打印模型所在区域)，打印平台上升至喷头高度为 0 mm 的位置后，喷头挤出丝材，并直线移动一定距离，将喷嘴多余的丝材清除，如图 3.29(a)所示。

②喷头停止挤出丝材，移至打印模型所在区域，喷头挤出丝材，并按照设定线路移动，开始打印基底支撑：首先沿打印机 Y 坐标方向以较大行间距打印两层基底支撑层，如图 3.29(a)所示，行间距约为 5 mm；然后减少行间距沿打印机 X 坐标方向打印两层基底支撑层，如图 3.29(b)所示，行间距减小至约 1 mm。

③打印支撑和支撑密封层，为后续成形的椭圆球模型底部产生固定。支撑的范围为椭圆球模型底部表面法向与 Z 轴的夹角小于 30°的区域。支撑范围和支撑间隔的大小可分别在打印参数选项的支撑“间隔”和“角度”中选择，如图 3.28 所示，支撑间隔默认为 8 Lines(≈4 mm)，支撑角度默认为小于 30°。在支撑范围内，在椭圆球最底端打印支撑密封层，而在其他区域继续打印支撑，如图 3.29(c)所示。

④打印支撑、密封层及模型底部密封表面。随着成型高度的增加，从支撑范围的中心至周边，依次打印模型底部密封表面、支撑密封层和支撑，如图 3.29(d)所示。打印模型底部密封表面时，喷头不仅沿轮廓打印两层丝材，还

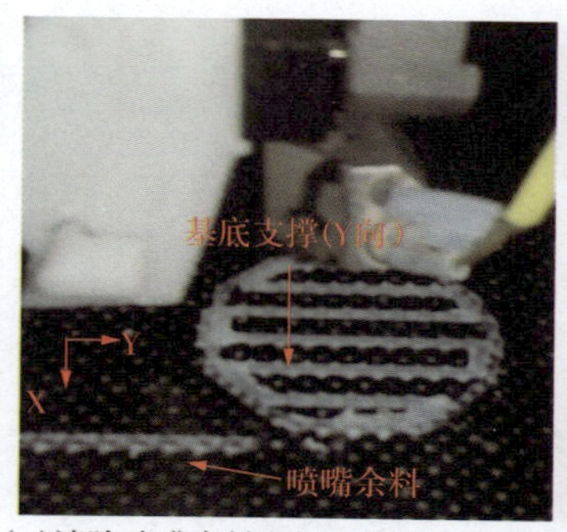

(a)清除喷嘴余料和打印基底支撑层(Y方向)

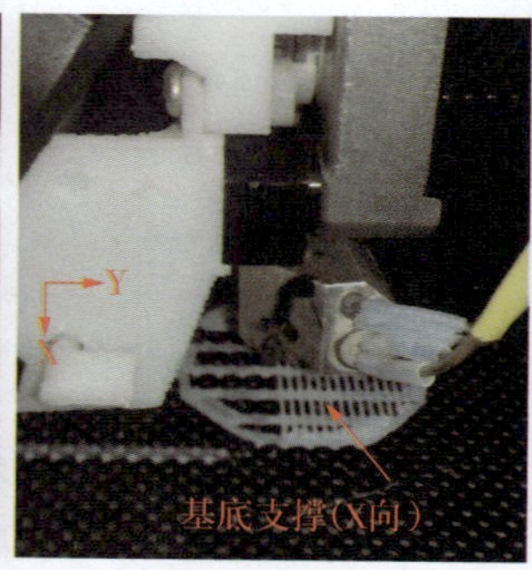

(b)打印基底支撑层(X方向)

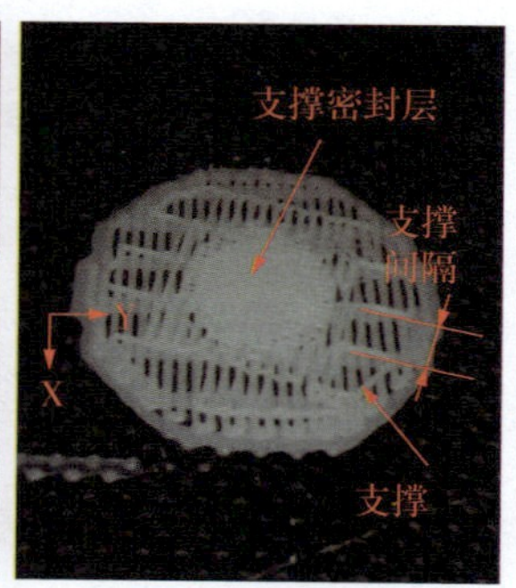

(c)打印支撑及密封层

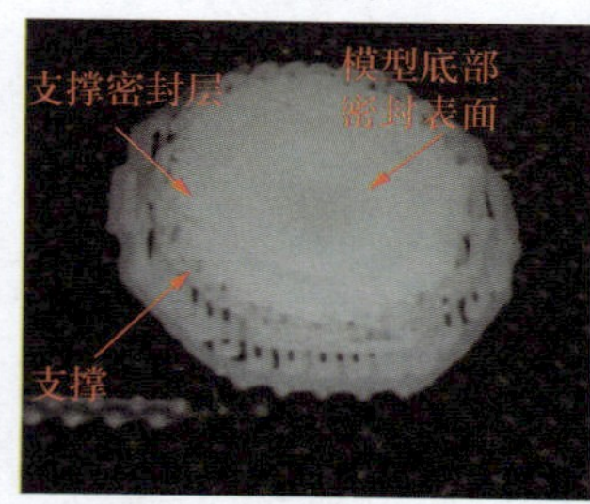

(d)打印支撑、密封层及模型底部密封表面

(e)打印模型底部密封表面

(f)打印模型侧面

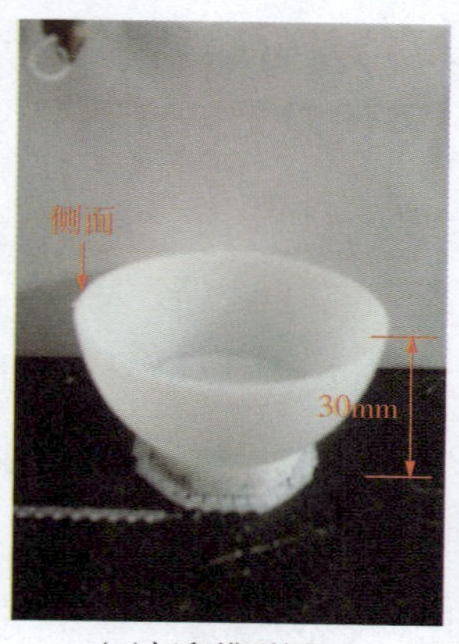

(g)打印模型侧面

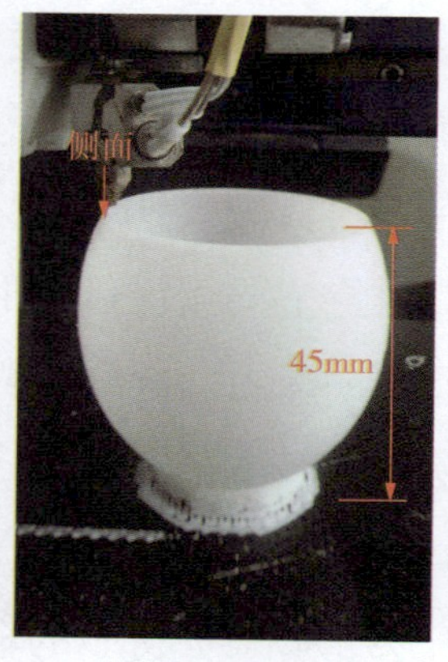

(h)打印模型侧面

(i)打印模型顶部密封表面

(j)打印结束

图 3.29　椭圆球空心壳体模型 3D 打印成型过程

在模型内部沿与 Y 坐标成 30°的方向打印厚约 1 mm 的密封层。

⑤打印椭圆空心壳体模型底部密封表面，如图 3.29(e)所示。密封表面的范围为椭圆球模型底部表面法向与 Z 轴的夹角小于 45°的区域。密封表面范围的大小，可在打印参数选项的密封表面“角度”中选择，如图 3.28 所示。

⑥打印椭圆空心壳体模型侧面密封层，如图 3.29(f)~(h)所示。喷头沿模型轮廓打印两层侧面，内部空心。

⑦打印椭圆空心壳体模型顶部密封表面，如图 3.29(i)所示。打印顶部密封表面时，喷头不仅沿轮廓打印两层丝材，还在模型内部沿与 Y 坐标成 30°的方向打印约厚 1 mm 的密封层。由于模型内部空心，在模型内部沿打印厚约 1 mm 表面密封层的初期，部分丝材在重力作用下会下沉，后续打印的丝材会逐渐填充平整表面密封层。

⑧椭圆空心壳体模型 3D 打印结束后，如图 3.29(j)所示。

3.3.5　模型拆卸与分析

打印结束并等待打印平板冷却后，将打印平板连同打印模型取下；用小铲先将三维模型零件从基底铲下，然后将基底和支撑从打印平板上铲下。拆卸后的模型、基底及支撑如图 3.30 所示。模型底部表面密封层存在凹凸不平

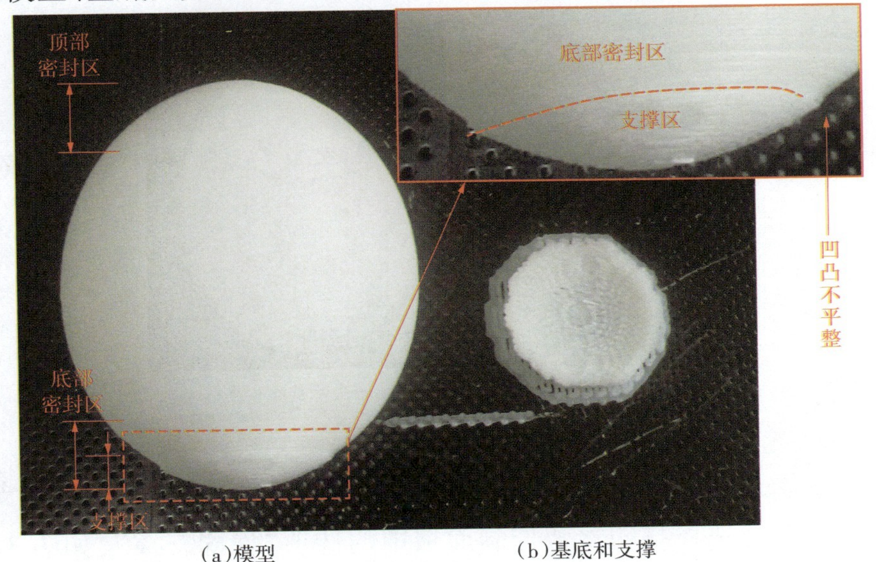

(a)模型　　(b)基底和支撑

图 3.30　模型分析

整,在支撑区边缘出现凹陷。原因可能是由于支撑区(30°)小于模型底部密封区(45°),使得打印支撑区边缘对应的底部密封表面时收缩,使得该处出现凹陷。

将支撑角度设定为 60°和密封角度为 45°,如图 3.31 所示,使得支撑区(60°)大于模型底部密封区(45°),如图 3.32 所示,从而使得在打印过程中,支撑对模型底部密封层及侧面密封层起支撑和保温作用,防止模型出现凹陷。采用以上参数 3D 打印所得椭圆球空心壳体模型,如图 3.33 所示,模型底部表面密封层平整,凹陷缺陷得到有效消除。

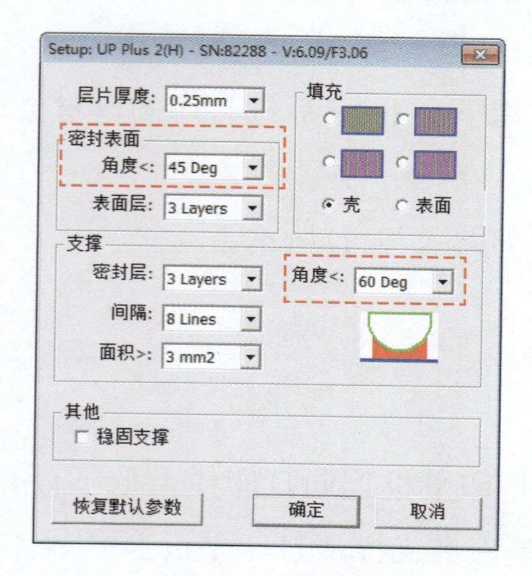

图 3.31 参数设置

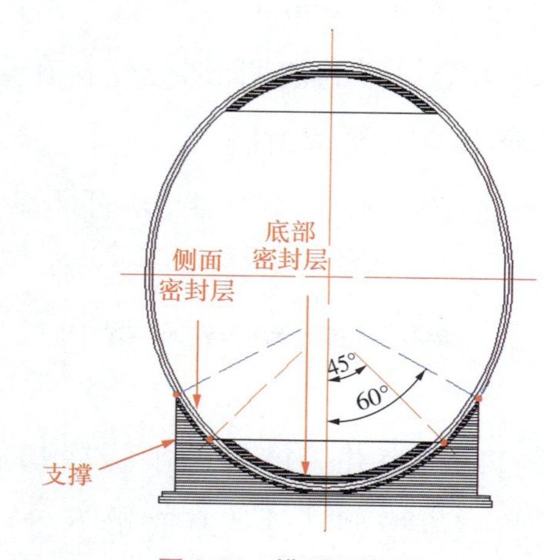

图 3.32 模型示意图

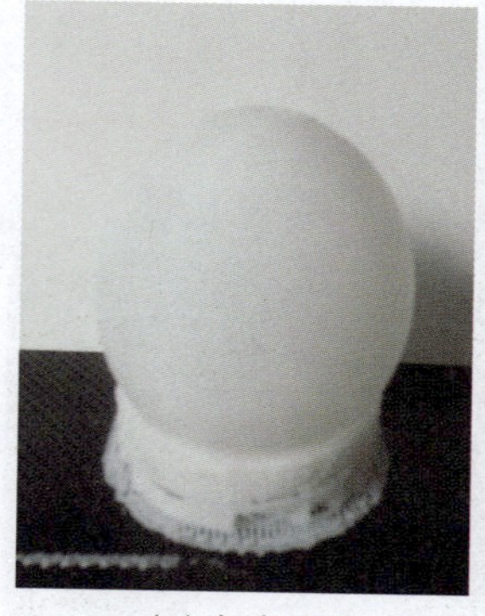

(a) 打印结束

(b)去除基底和支撑

图 3.33 椭圆球空心壳体模型

UP Plus 2 3D 打印机控制软件默认的支撑为侧面开口的。在支撑体积较大时,可通过选择打印参数控制面板中的选项“稳固支撑”,如图 3.34 所示，获得侧面封闭的支撑，以提高支撑的强度。以椭圆球空心壳体模型为例（支撑角度60°和密封角度45°），选择“稳固支撑”所得模型如图3.35(a)所示，不选择“稳固支撑”所得模型如图3.35(b)所示。

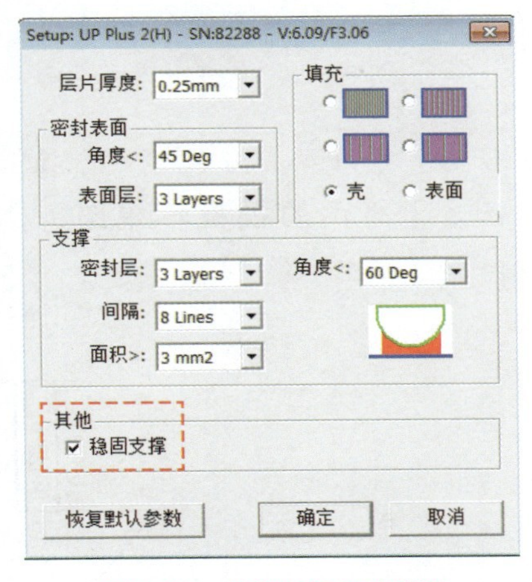

图3.34 选择“稳固支撑”

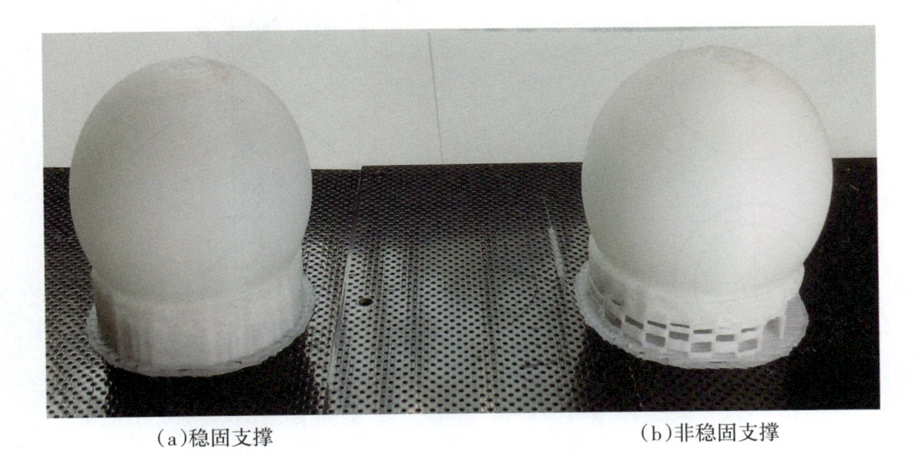

(a)稳固支撑　　(b)非稳固支撑

图3.35 稳固支撑模型与非稳固支撑模型

项目小结

本任务以椭圆球为例，系统介绍3D打印单层面体模型和空心壳体模型的操作与参数调整。首先通过Pro-E软件创建球体，然后通过UP Plus 2 3D打印机控制软件，将球体变形为椭圆球，最后进行3D打印。本项目详细介绍了3D打印所得的椭圆球单层面体模型和空心壳体模型的结构构成，对椭圆球单层面体模型顶部和底部出现破孔的原因进行了分析，通过降低层厚，减少了破孔区域；对椭圆球壳体模型出现表面凹陷的原因进行了分析，通过调整支撑角度和密封角度消除了该缺陷。

【练习】

请分析题图 3.1 和题图 3.2 所示的模型二维图，并进行三维建模和采用不同打印参数进行 3D 打印成形。

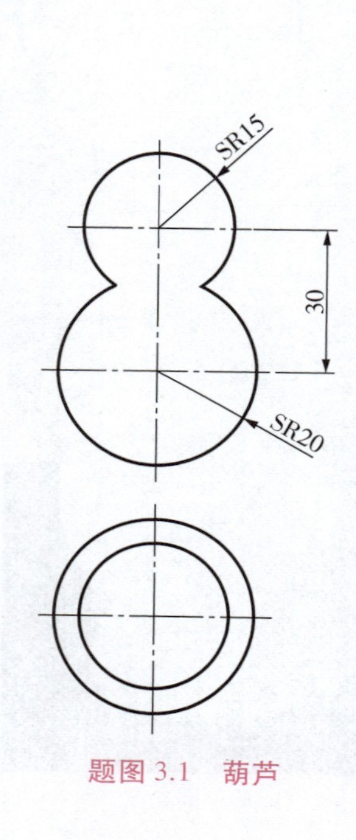

题图 3.1　葫芦

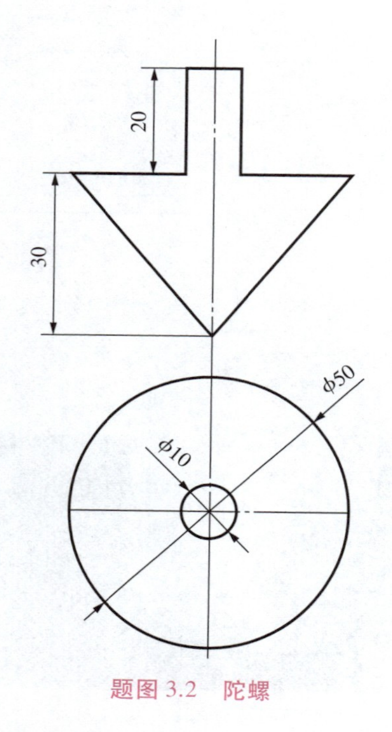

题图 3.2　陀螺

项目4
3D打印高级
应用

本项目主要介绍图4.1所示锥形交通路标的3D打印。由于该模型尺寸(85 mm×85 mm×141 mm)超过了UP Plus 2 3D打印设备的打印范围(140 mm×140 mm×135 mm),因此需要将模型分割成两部分,分别打印成形后再拼接成为一个整体。本项目将介绍超出打印范围的打印模型的分割、材料更换、无基底打印、双色交替打印和模型拼接。

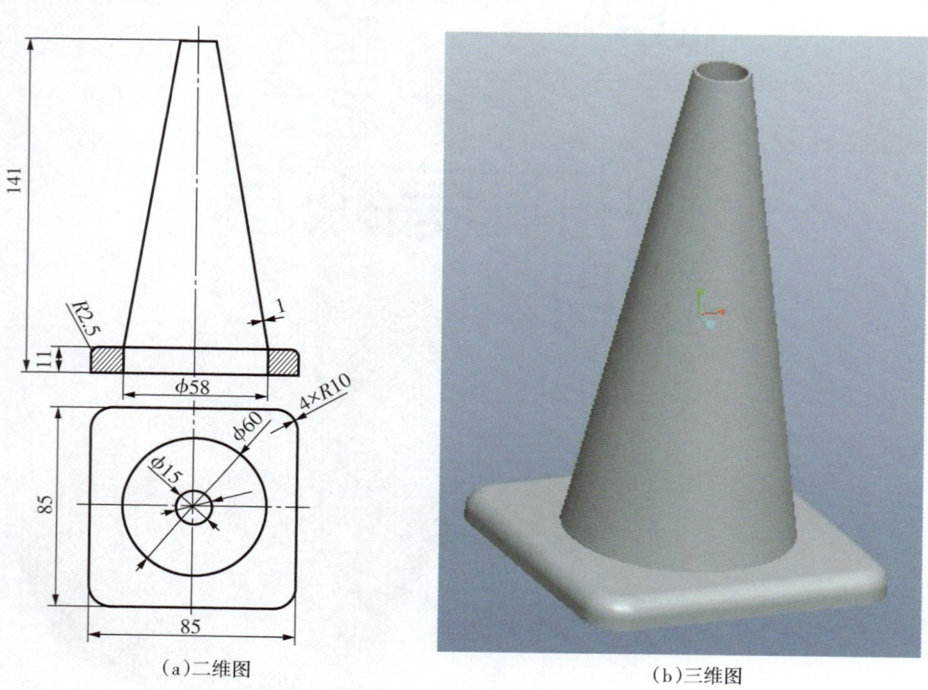

(a)二维图

(b)三维图

图4.1 锥形交通路标

任务4.1 建立三维模型

①双击 打开Pro/E Wildfire 5.0软件,其初始界面如图4.2所示。

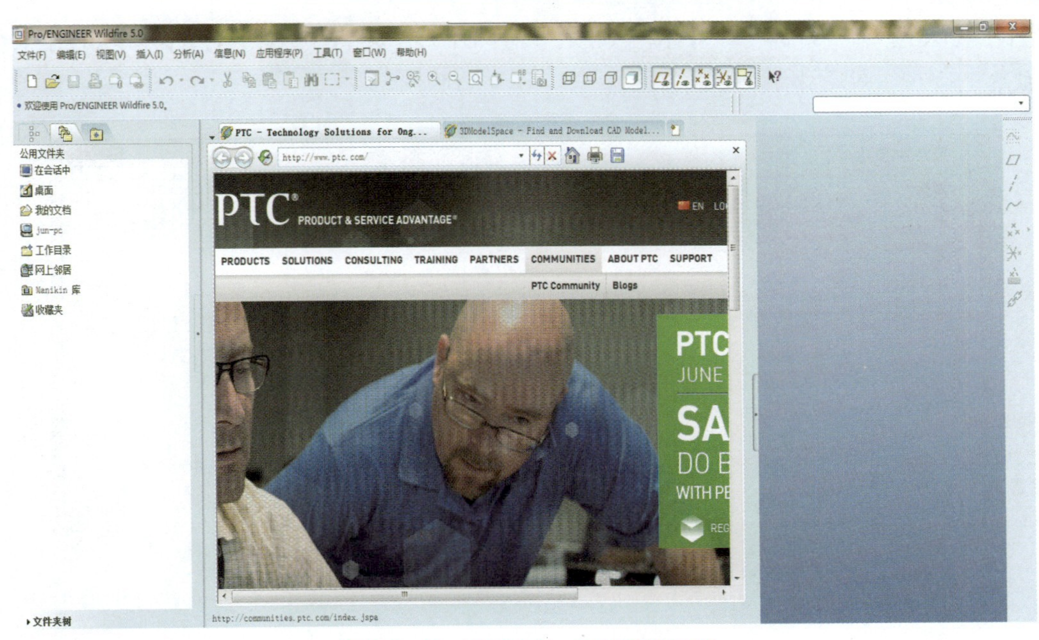

图 4.2 Pro/E Wildfire 5.0 初始界面

②新建文件。在初始启动界面左上角单击 ，创建新对象，进入“新建”对话框，如图 4.3 所示，在“新建”对话框中进行两处修改：

a.“名称”后面输入新建文件的名称“tong”。

b.取消勾选“使用缺省模块”。

“新建”对话框中保持“类型”选项组的默认选项“零件”和“子类型”选项

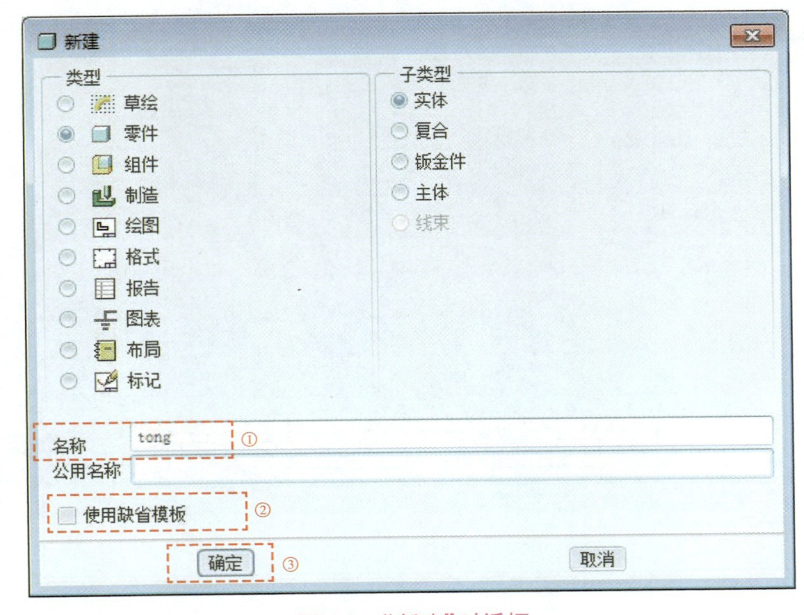

图 4.3 “新建”对话框

组的默认选项“实体”。单击“确定”，弹出“新文件选项”对话框，如图 4.4 所示。

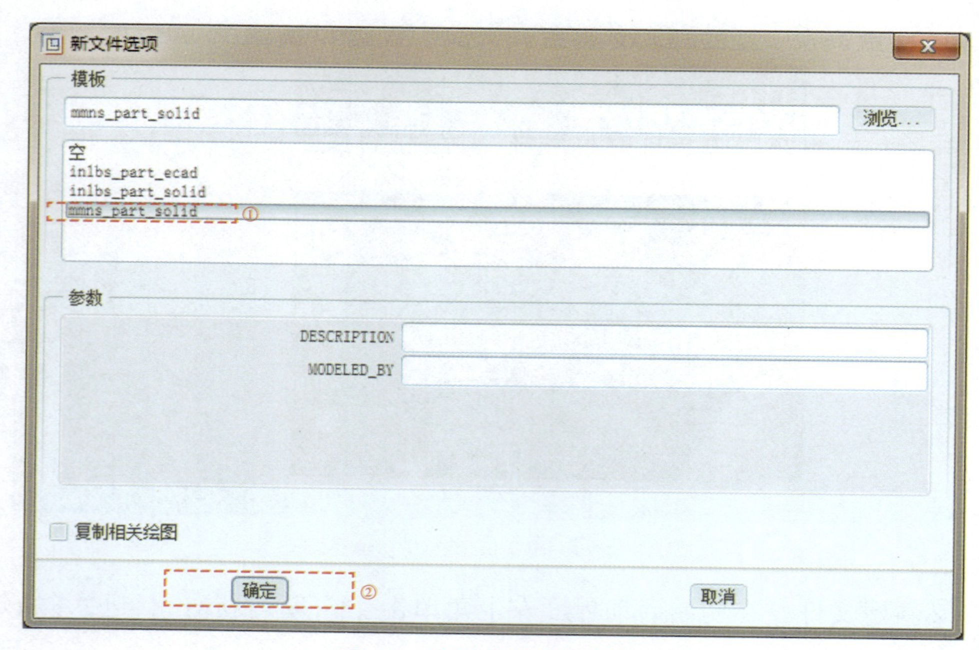

图 4.4 “新文件选项”对话框

在“新文件选项”对话框里选择“mms_part_solid”（公制模板），单击“确认”，弹出零件模型创建工作界面，如图 4.5 所示。

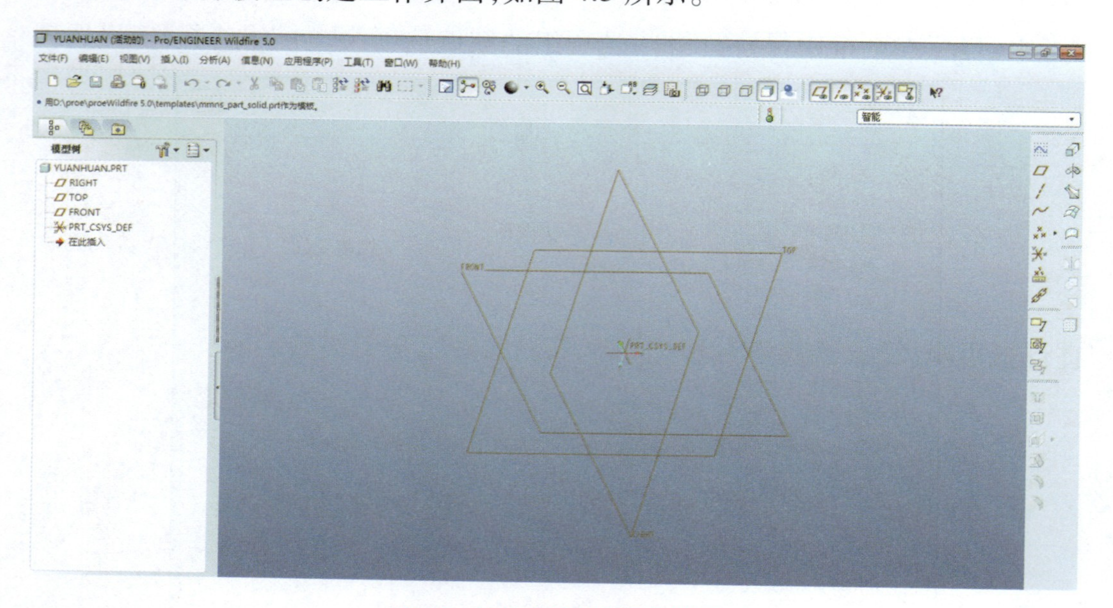

图 4.5 零件模型创建工作界面

③通过旋转命令创建模型，单击界面右侧“旋转”命令按钮 ，显示“旋转”操控板，如图 4.6 所示，进入“旋转”建模状态。

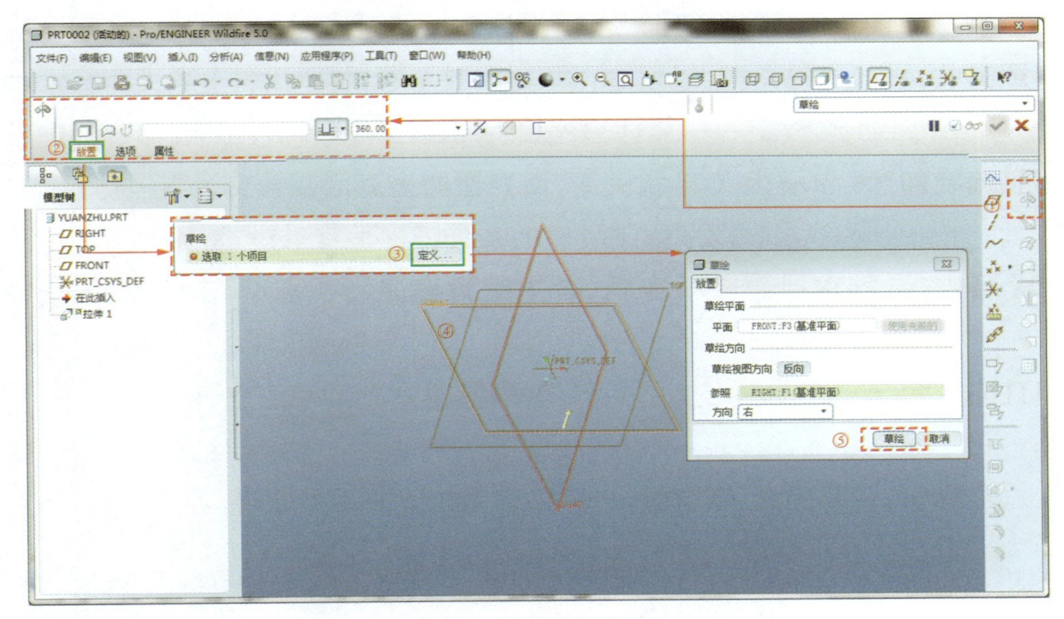

图 4.6 “旋转”操作面板

④单击“旋转”操控板“放置”命令，弹出“放置”下滑对话框；单击“放置”下滑对话框中的“定义”命令，弹出“草绘”对话框，如图 4.6 所示；在工作界面单击 FRONT 基准面，选定其为草绘平面，系统自动选择 RIGHT 基准面作为参照平面，方向为右；在“草绘”对话框中单击“草绘”，系统进入草绘环境界面，在草绘环境界面单击界面右侧草绘器工具栏“直线”命令按钮 ，绘制圆锥剖面形状，尺寸如图 4.7 所示。

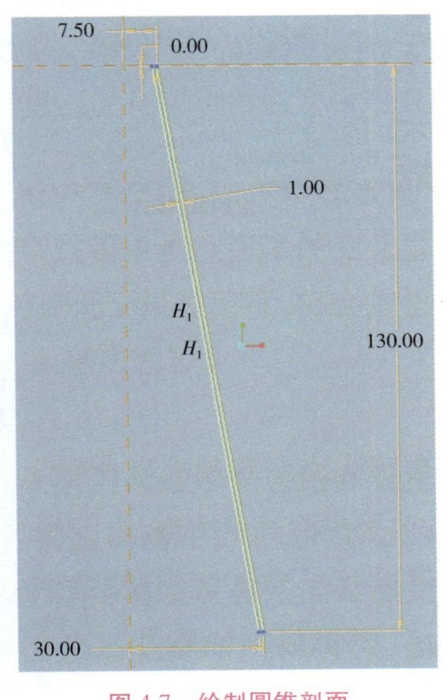

图 4.7 绘制圆锥剖面

⑤绘制几何中心线，如图 4.8 所示，单击界面右侧草绘工具栏“线”命令按钮 旁边的三角形箭头，弹出“线”的扩展栏 ，再次单击“几何中心线”命令

按钮 ，通过起点和终点来绘制几何中心线：以(0,0)点为起点单击一下，再拖动鼠标在竖直方向任意单击一下；最后单击草绘器工具栏中“完成”按钮 ，完成草图绘制，系统返回“旋转”操控面板。

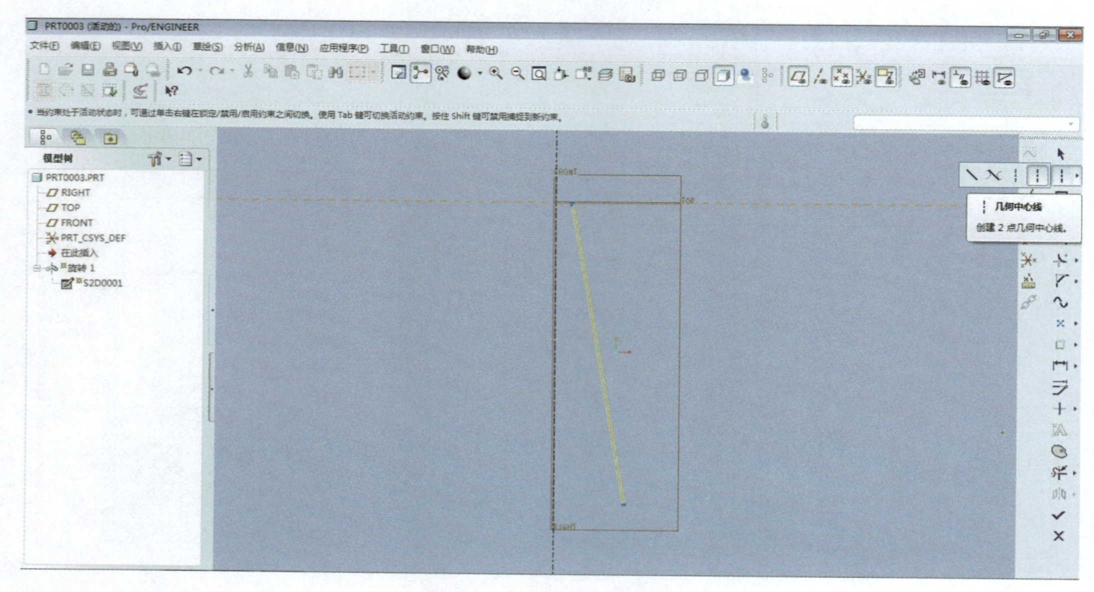

图 4.8 绘制几何中心线

⑥如图 4.9 所示，在“旋转”操控板单击预览按钮 ，可以预览所创建的特征；单击“完成”按钮 ，完成旋转特征的创建，结果如图 4.10 所示。至此完成锥形交通路标筒身的建模。

图 4.9 “旋转”操控面板

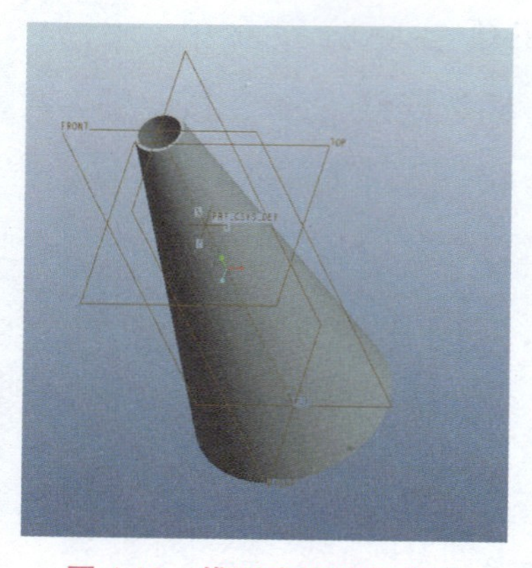

图 4.10 锥形交通路标筒身

⑦锥形交通路标的底部由拉伸特征命令建模。单击界面右侧“拉伸”命令按钮 ，显示“拉伸”操控板，进入“拉伸”建模状态。

⑧单击“拉伸”操控板“放置”命令，弹出“放置”下滑对话框；单击“放置”下滑对话框中的“定义”命令，弹出“草绘”对话框；在工作界面选取圆锥底平面，如图 4.11 所示，选定其为草绘平面，系统自动选择 RIGHT 基准面作为参照平面，方向为右；在“草绘”对话框中单击“草绘”，系统进入草绘环境。

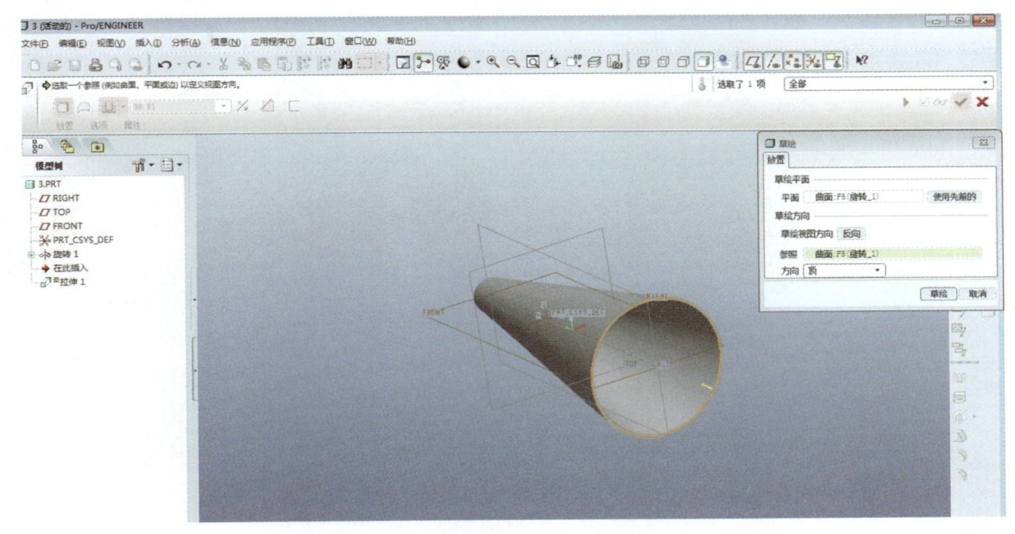

图 4.11 “拉伸”操控面板

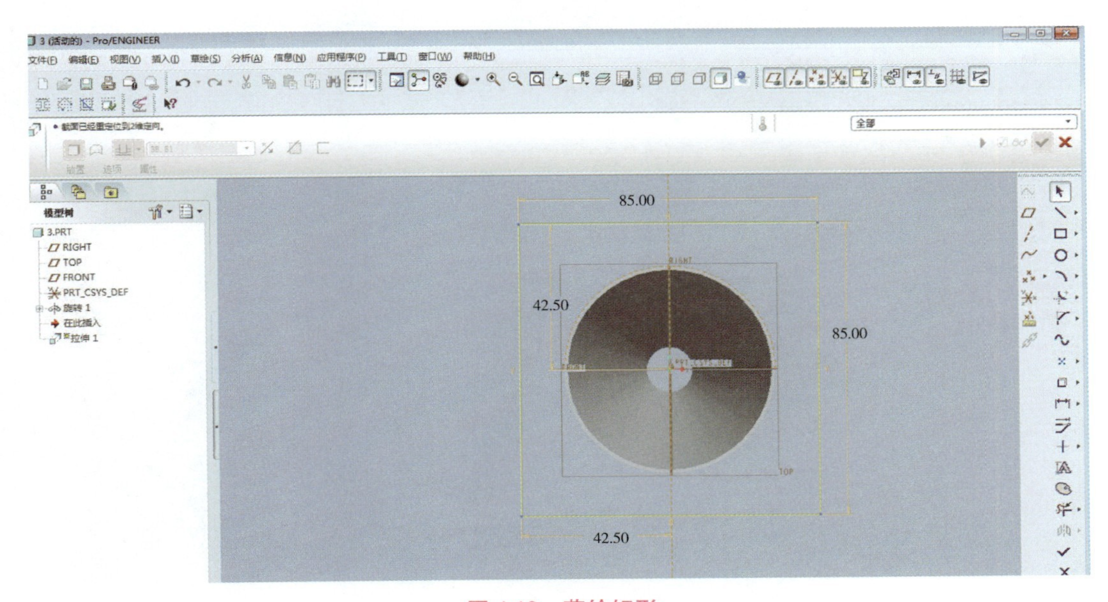

图 4.12 草绘矩形

⑨在截面草绘界面，单击界面右侧草绘器工具栏“矩形”命令按钮 □ ，通过指定一点和对角点绘制矩形，尺寸如图 4.12 所示；然后单击界面右侧草绘器工具栏“使用”命令按钮 □ ，通过选取模型边界获取草绘线：单击圆锥底面内圆边界获取草绘线，如图 4.13 所示；最后单击草绘器工具栏中“完成”按钮

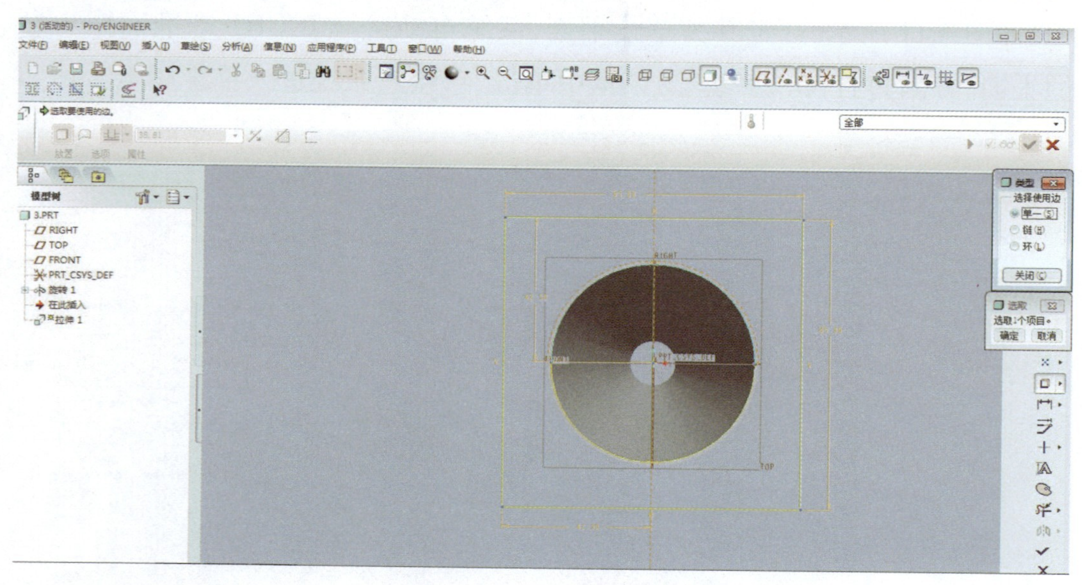

图 4.13　拾取内圆边界

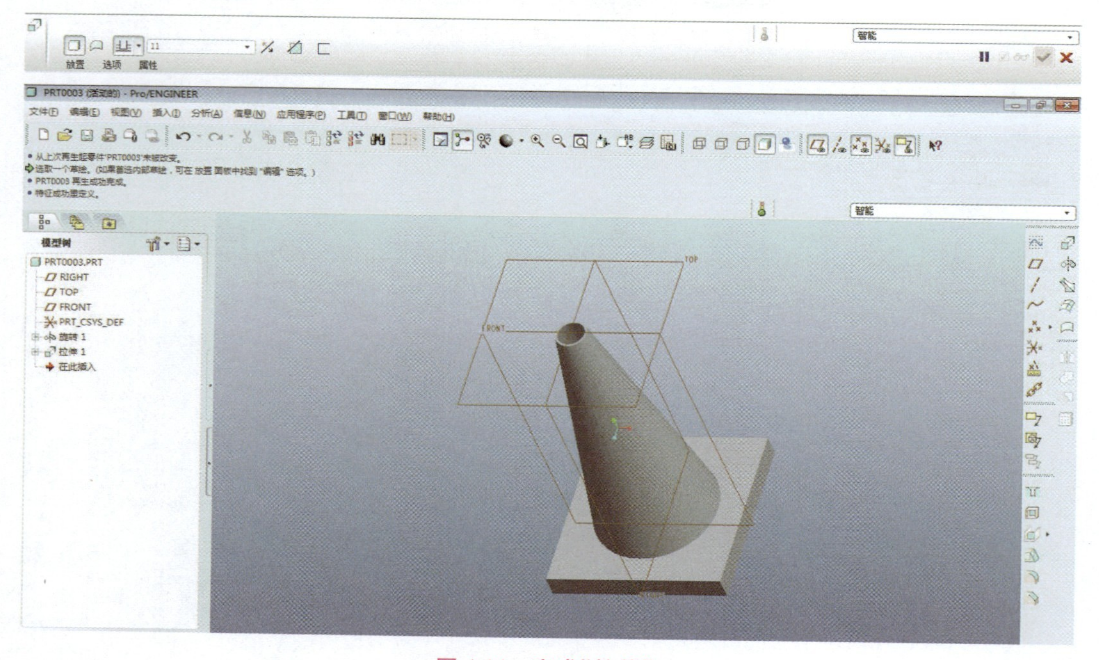

图 4.14　完成“拉伸”

✓，完成草图绘制，系统返回零件建模模式。

⑩在“拉伸”操控面板，输入拉伸高度值 11 mm（按键盘回车键确定）；单击预览按钮 ，可预览所创建的特征；单击“完成”按钮 ，完成拉伸特征的创建，结果如图 4.14 所示。

⑪倒圆角

a.单击界面右侧的“倒圆角”命令按钮 ，显示倒圆角操控面板，如图 4.15 所示，进入编辑状态。单击选取模型上矩形的四角边界，在倒角半径上输入 10（按键盘回车键确定）；单击预览按钮 ，可以预览所创建的特征；单击“完成”按钮 ，完成倒圆角特征的创建，如图 4.16 所示。

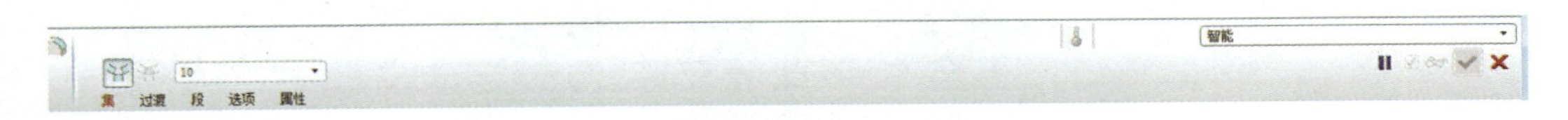

图 4.15 “倒圆角”操控面板

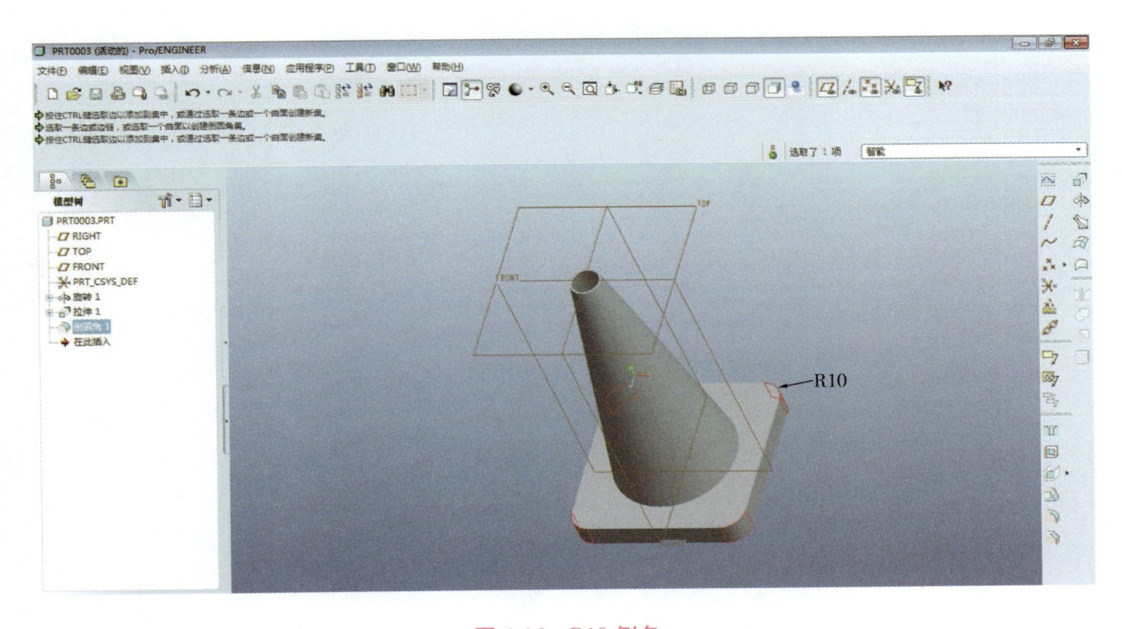

图 4.16 R10 倒角

b.同样方法选取矩形的上表面边界进行倒圆角，半径为 2. 5 mm，模型效果如图 4.17 所示。

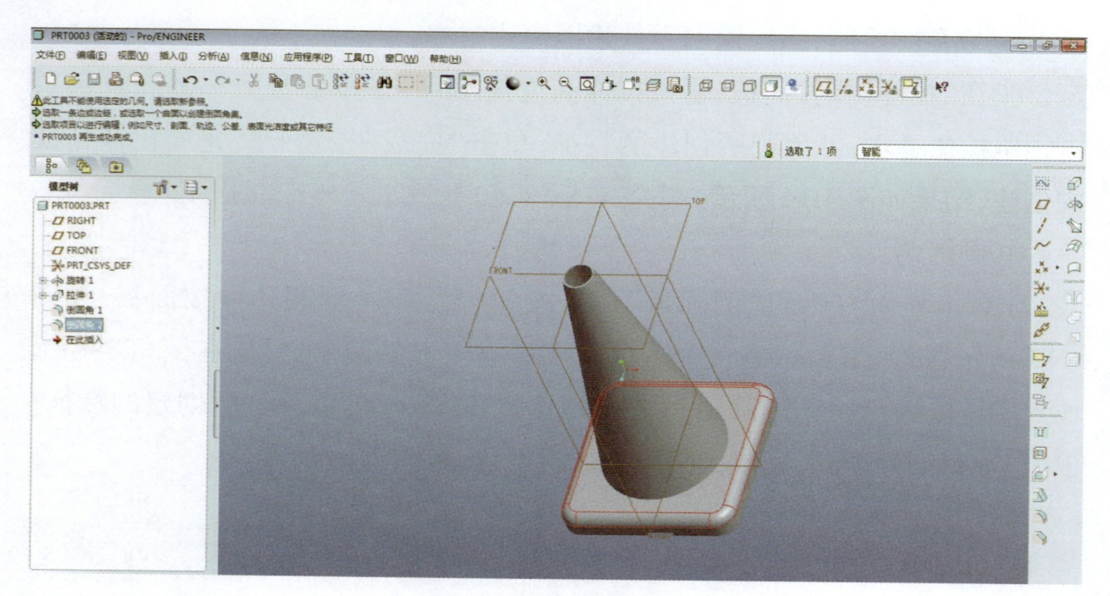

图 4.17 R2. 5 倒角

⑫保存文件。

任务 4.2 模型分割

由于锥形交通路标模型尺寸(85 mm×85 mm×141 mm)超过了 UP Plus 2 3D 打印设备的打印范围(140 mm×140 mm×135 mm),因此需要将锥形交通路标模型分割成筒身和底座两部分,分别进行打印,最后再将其拼接成锥形交通路标整体。

该模型由圆锥体形筒身和长方体形底座组成,可切割成筒身和底座两部分。

4.2.1 绘制分割面

①打开文件"tong"。

②单击界面右侧草绘器工具栏"拉伸特征",选择"拉伸曲面",拉伸深度为"两侧",输入深度 100 mm,单击"放置"下滑对话框中的"定义"命令,弹出"草绘"对话框;在工作界面选取 FRONT 平面为草绘平面,系统自动选择 RIGHT 基准面作为参照平面,方向为右;在"草绘"对话框中单击"草绘",系统进入草绘环境,如图 4.18 所示。

③进入草绘界面后,单击"草绘"下滑对话框中的"参照"命令,弹出"参照"对话框,选择长方体与圆锥体之间的相交线作为模型的切割线,然后单击"确认",关闭对话框。如图 4.19 所示。

④单击界面右侧草绘器工具栏"直线"命令按钮,绘制切割线,切割线设计了凹凸榫结构,如图 4.20 所示,保证模型拼接位置的精度,单击草绘器工具栏中"完成"按钮,完成草图绘制。

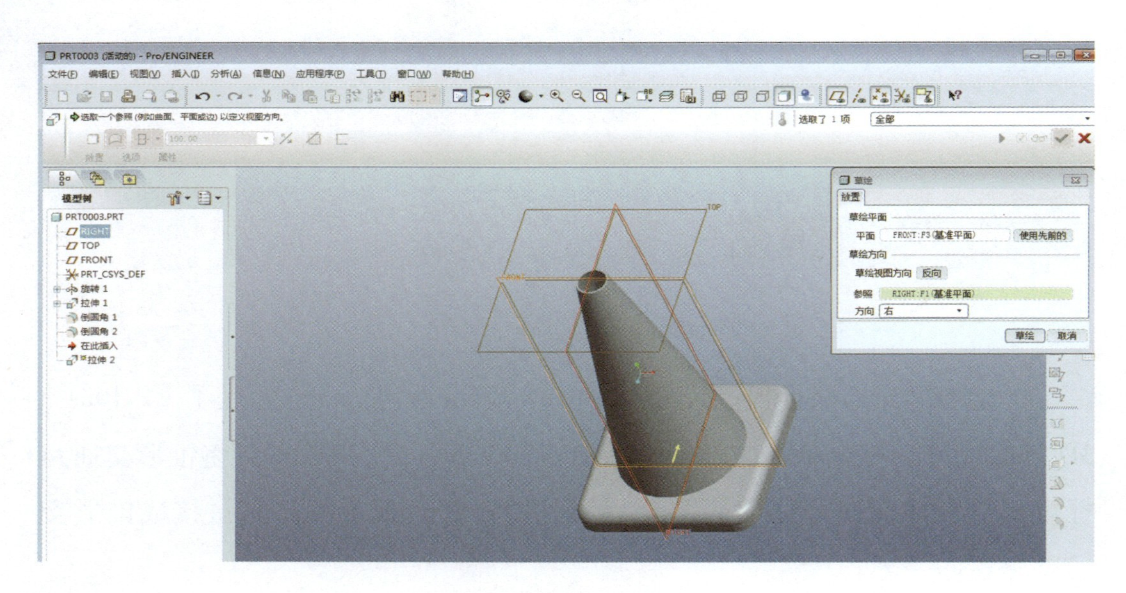

图 4.18　进入草绘

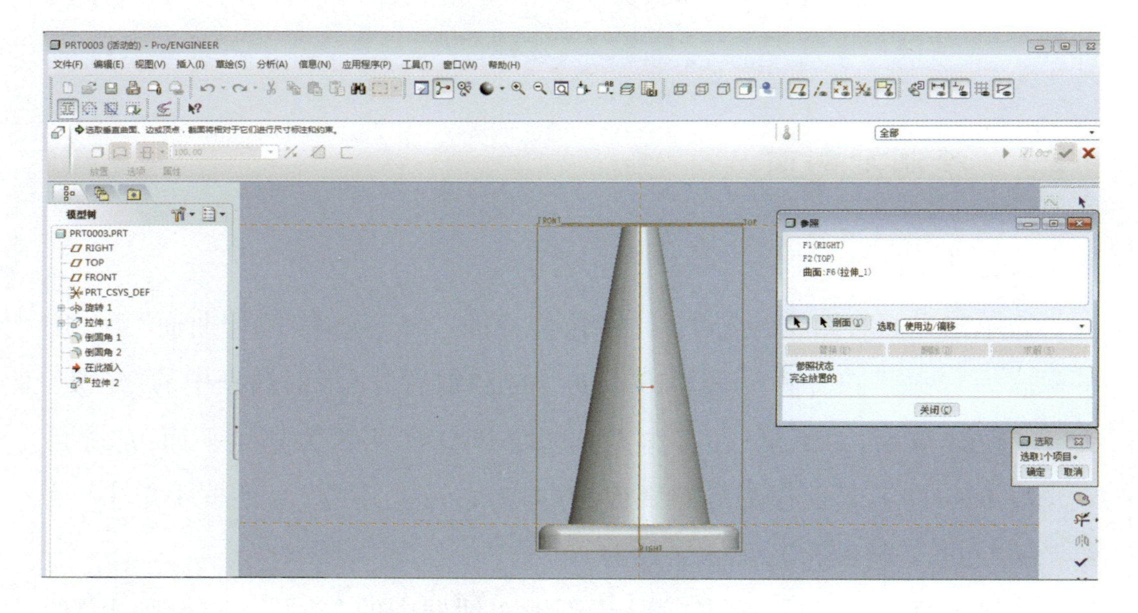

图 4.19　选择参照

⑤单击“拉伸工具条”的“预览”按钮 ，如图 4.21 所示，可预览所创建的特征；单击“完成”按钮 ，完成拉伸特征的创建，结果如图 4.22 所示。

⑥保存文件。

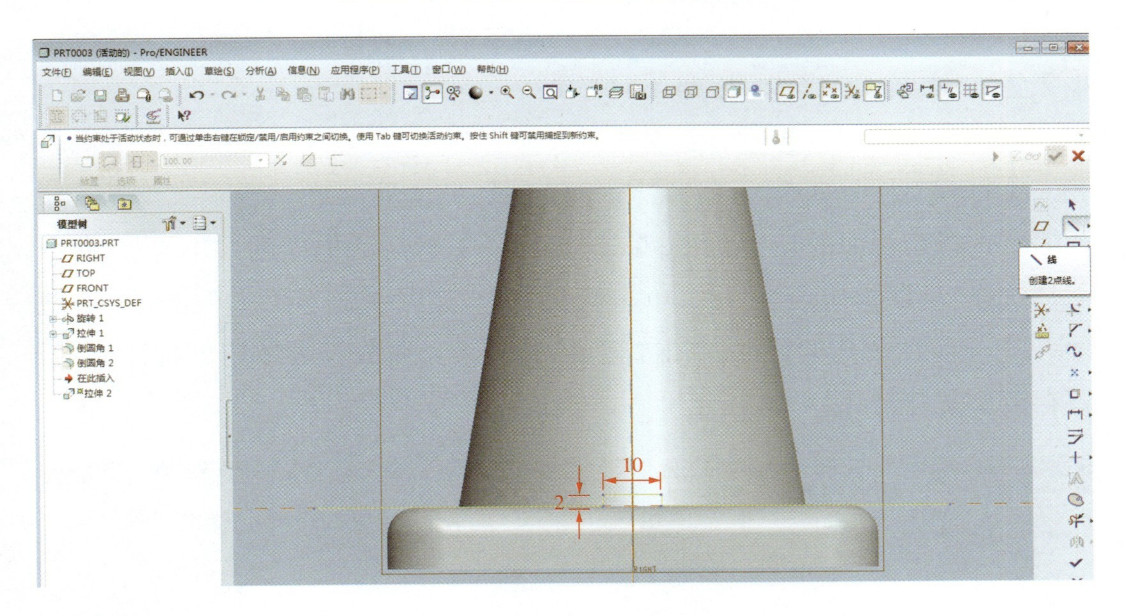

图 4.20　凹凸榫结构

图 4.21　拉伸工具条

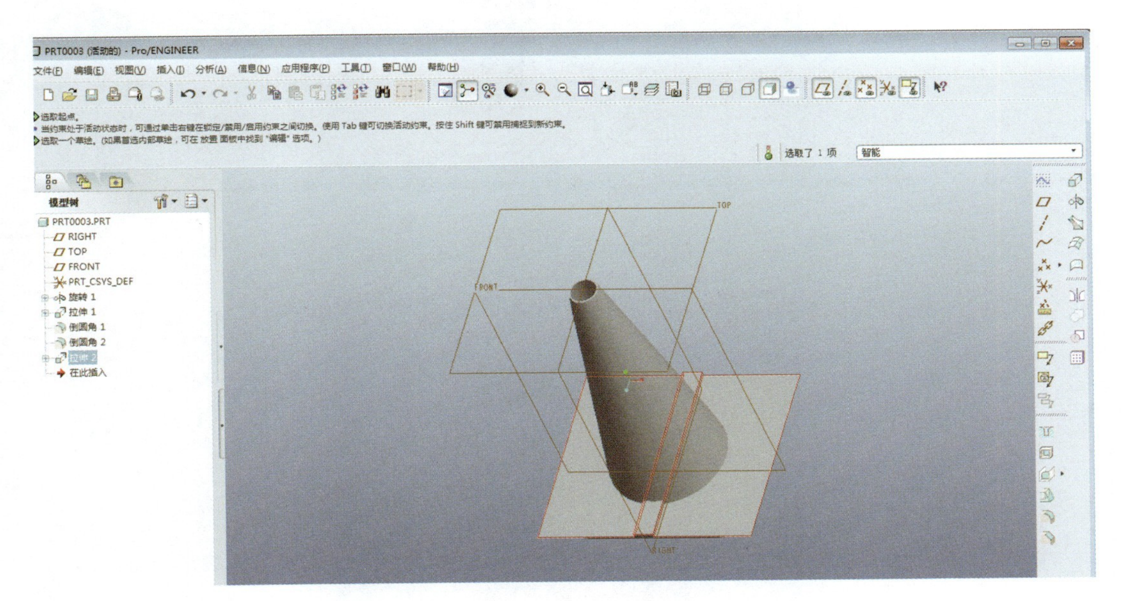

图 4.22　拉伸曲面

4.2.2 分割锥形交通路标底座

①打开文件“tong”，另存为“changfangti”。

②选择切割面的拉伸特征，单击“编辑”下滑对话框中的“实体化”命令，选择“移除面组内则”，单击箭头向上，如图 4.23 所示，单击预览按钮，可预览所创建的特征；单击“完成”按钮，完成长方体切割特征，最后保存模型文件，如图 4.24 所示。

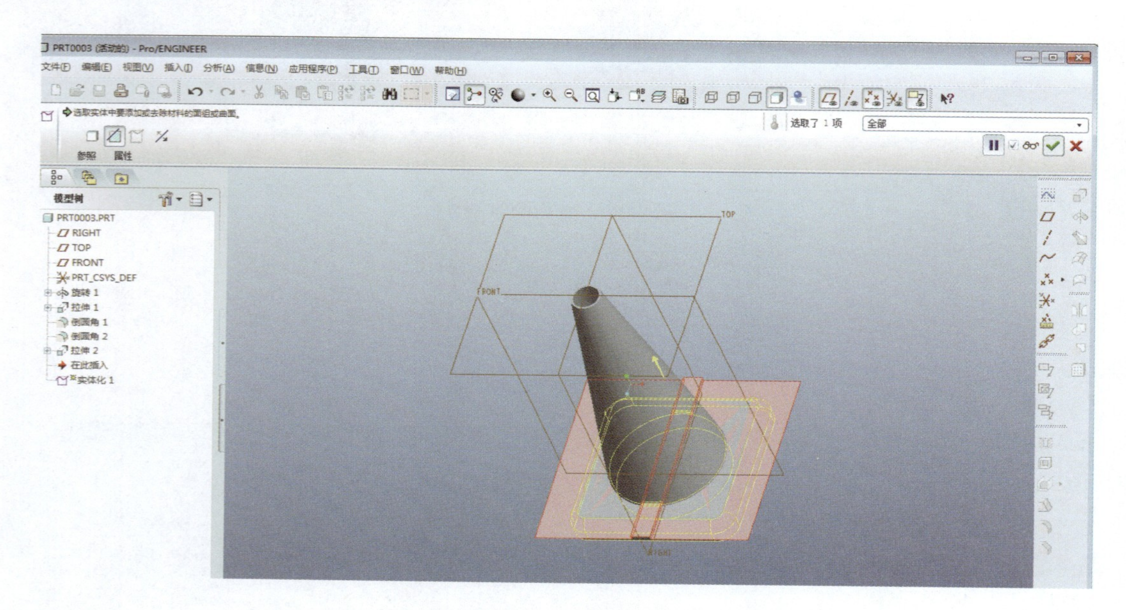

图 4.23 切割底座

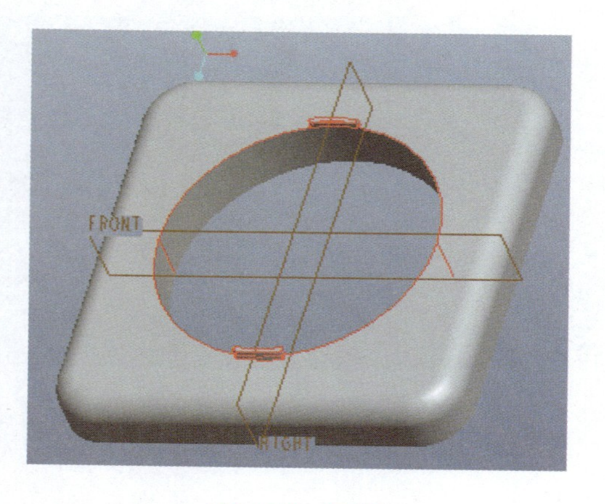

图 4.24 底座

③保存 STL 格式文件。

单击“文件”，弹出文件下滑菜单；单击“保存副本”，弹出“保存副本”对话框；单击“类型”，弹出扩展栏；单击选择 STL 格式（ *.stl）和保存路径；创建新名称改为“changfangti”，单击“确认”，弹出“导出 STL”参数设置对话框，将“弦高”和“角度控制”设为 0；单击“确定”，获得 STL 格式文件。

4.2.3 分割锥形交通路标筒体

①打开文件“tong”，另存为“yuanzhuiti”。

②修改草图。

在界面左侧的模型树，单击切割面的“拉伸特征” 拉伸 2 ，单击“+”弹出下滑选项 ，右击该选项，弹出扩展栏，单击选择“编辑定义”，进入草绘状态；修改切割线凹凸台的配合尺寸，使筒体与底座配合间隙为 0. 1 mm（修改后的尺寸如图 4.25 所示），单击草绘器工具栏中“完成”按钮 ，完成草图修改。

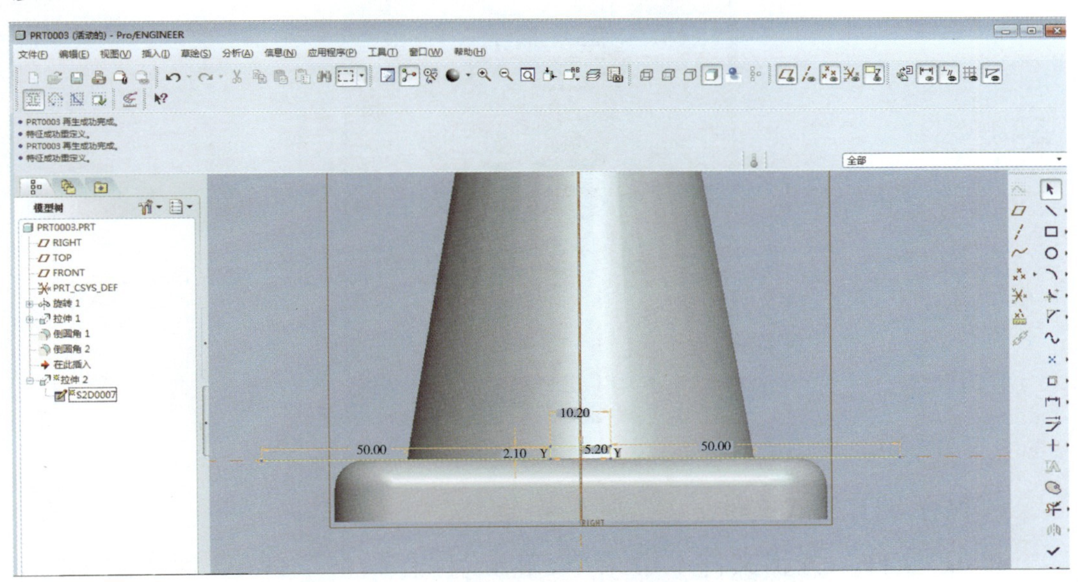

图 4.25 修改草图

③模型切割。

在界面左侧的模型树，右击“实体化” ，弹出扩展栏，选择“编辑定义”，进入编辑状态，修改箭头方向向下，如图 4.26 所示，单击预览按钮 ，可预览所创建的特征；单击“完成”按钮 ☑，完成圆锥体切割特征，最后保存模型文件，如图 4.27 所示。

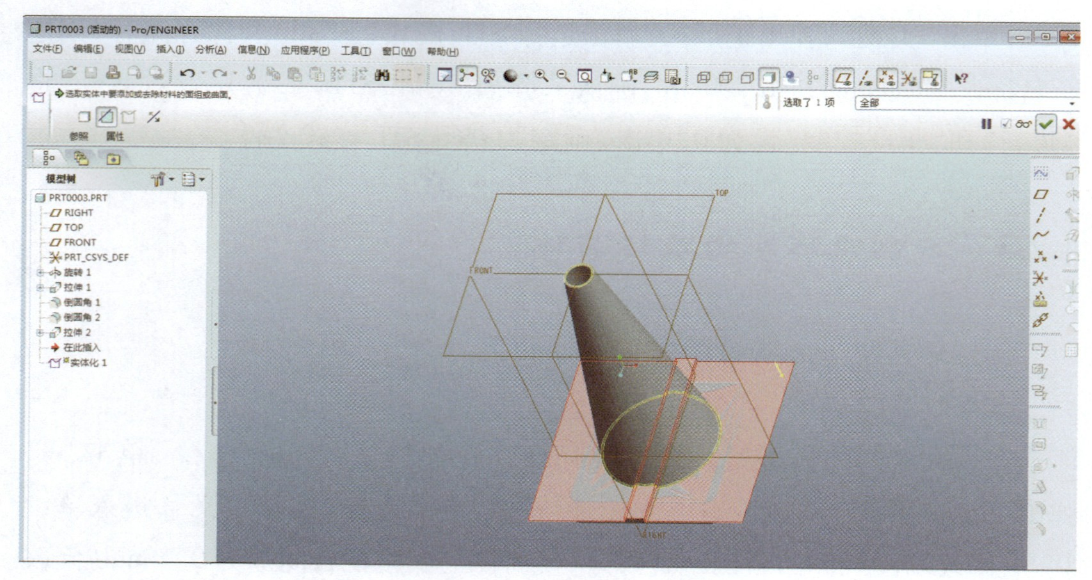

图 4.26 切割筒体

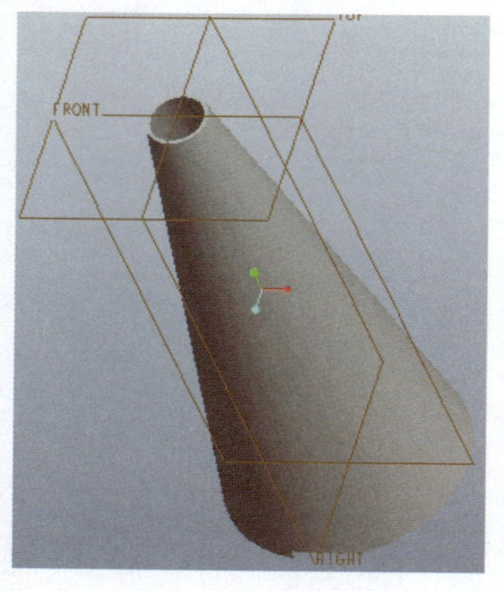

图 4.27 切割筒体

④保存 STL 格式文件。

单击“文件”，弹出文件下滑菜单；单击“保存副本”，弹出“保存副本”对话框；单击“类型”，弹出扩展栏；单击选择 STL 格式（ *.stl）和保存路径；创建新名称“yuanzhuiti”，单击“确认”，弹出“导出 STL”参数设置对话框；将“弦高”和“角度控制”设为 0；单击“确定”，获得 STL 格式文件。

任务 4.3 无基底打印

为了获得高质量的模型底部平面,可选用 UP Plus 2 打印机的无基底打印模式,即在打印模型前将不会产生基底。

本任务采用 PLA 打印丝材对锥形交通路标底座进行无基底打印。

适用于 UP Plus 2 3D 打印机的两类材质的打印丝材 PLA 和 ABS。“项目 2”和“项目 3”均采用 ABS 打印丝材,本项目将介绍聚乳酸(PLA-Polylactic Acid)打印丝材的使用。PLA 是一种生物可降解塑料,加工温度约为 210 ℃,低于 ABS(加工温度为 270 ℃),所以更换材料时,必须在打印机控制系统中进行相应修改。

采用无基底打印模式时,一般需在打印平板上粘贴耐热胶带,以增加模型底部与打印平台的附着力,防止模型在打印过程中产生翘边和变形。

4.3.1 耐热胶带

(1)耐热胶带的选用

目前 3D 打印使用的耐高温胶带,主要是美国 3M 公司生产的蓝色美纹纸耐热胶带,如图 4.28 所示,耐热温度达 120 ℃。该胶带表面具有较粗糙的纹理,有利于 3D 打印丝材的吸附。

图 4.28 耐热胶带

(2)耐热胶带的使用

耐热胶带使用时,需首先裁剪出与加热板长度基本一致的胶带段,然后依次平整地粘贴在打印平板上，如图 4.29 所示。

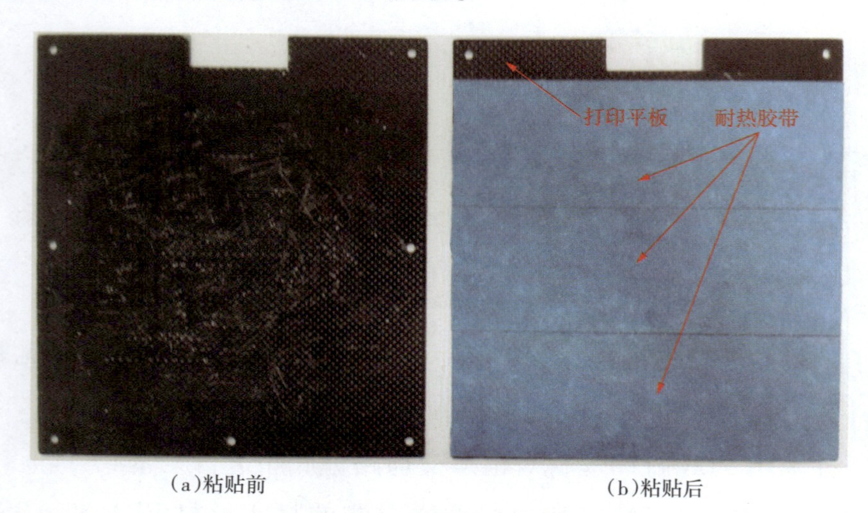

(a)粘贴前　　(b)粘贴后

图 4.29　耐热温带的使用

4.3.2　打开三维模型与自动调整位置

打开 软件，根据保存路径选择要打印的三维模型"zhengfangti.stl"，单击"自动布局" ，自动调整模型至默认最佳打印位置。

4.3.3　打印机初始化与更换打印材料

初始化打印机，使打印喷头和打印工作台返回打印机初始位置。

更换打印材料的步骤如下：

①在"三维打印"下拉菜单栏单击"维护"，弹出"维护"控制面板，如图 4.30 所示。

②单击"新料盘"，弹出"新材料"控制面板。

③在"材料"下拉菜单中选择"PLA"，质量根据实际情况填写。

④单击"确定"即完成新材料的设定，系统把自动将喷头的加工温度调整至 PLA 丝材的加工温度(210 ℃)；单击"退出"，退出维护控制面板。

PLA 丝材的安装参见"项目 1"的"任务 1.2"之"1.2.2　安装打印机及控制软件"。

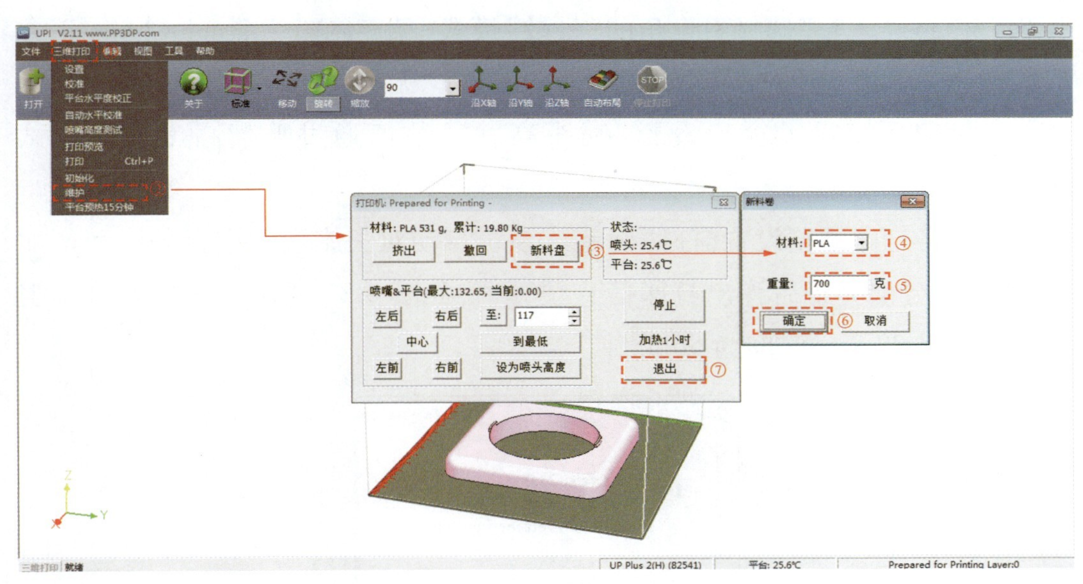

图 4.30　更换材料

4.3.4　打印预览与打印参数设置

①在工具栏中单击“三维打印”，弹出下拉菜单栏；单击“打印预览”，弹出打印预览设置窗口，如图 4.31 所示。

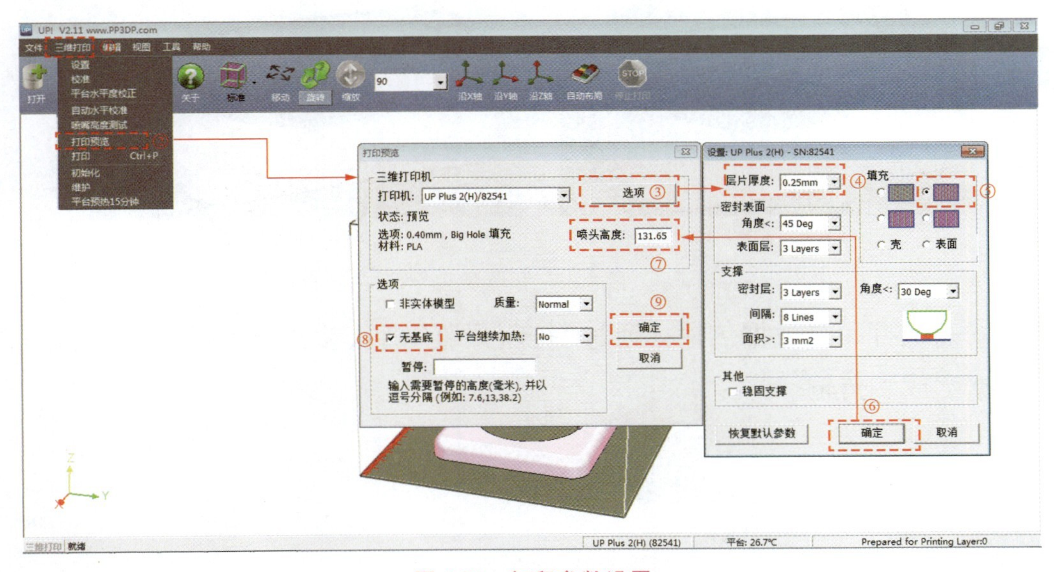

图 4.31　打印参数设置

②单击打印预览设置窗口“选项”弹出参数选项设置窗口：“层片厚度”设

为 0. 25 mm,“填充”选择右上角的“松散”模式(填充网格为 2 mm×2 mm 正方形);单击“确定”返回打印预览设置窗口,选择“无基底”选项。

③打印预览设置窗口设置“喷头高度”,数值通过喷嘴高度自动测试获得。

④单击打印预览设置窗口“确定”,系统自动对三维模型进行分层和增加支撑结构,分层完毕后弹出打印信息预算框,如图 4.32 所示。该模型打印需要消耗丝材 23.0 g,时间为 56 分钟。

图 4.32　打印信息预算框

⑤单击打印信息预算框“确定”,退出打印预览,可观察模型生成预览基底的情况,如图 4.33(a)所示。倘若选择有基底的打印,预览生成的基底将如图 4.33(b)所示,可明显看出基底所在范围。

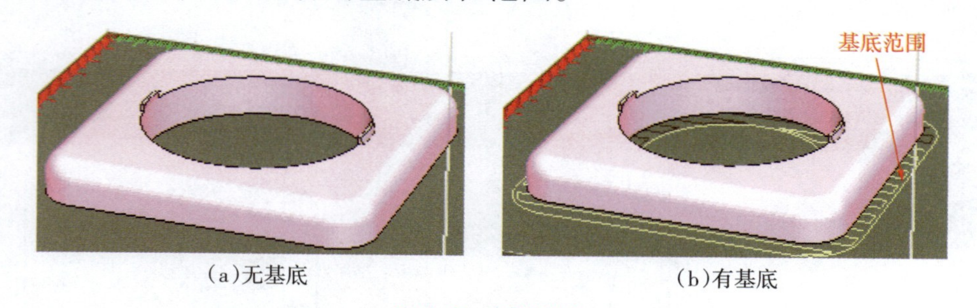

(a)无基底　　(b)有基底

图 4.33　预览基底

⑥确认打印与数据传输。通过“打印预览”确认参数无误后,即可进行打印数据生成和传输。

4.3.5　3D 打印成型过程

当喷头温度升高至 PLA 打印丝材加工温度 210 ℃时,UP Plus 2 3D 打印机开始进行打印。

①喷头移至工作台空白区(非打印模型所在区域),打印平台上升至喷头高度为0 mm的位置后,喷头挤出丝材并直线移动一定距离,将喷嘴多余的丝材清除。

②喷头停止挤出丝材,移至打印模型所在区域,喷头挤出丝材,并按照设定线路移动,开始打印锥形交通路标底座模型。

a.打印锥形交通路标底座模型底面,喷头沿与 Y 坐标成 45°的方向打印三层模型表面密封层。

b.打印锥形交通路标底座模型主体,侧表面为两层密封层,内部为 2 mm×2 mm正方形填充网格。

c.打印锥形交通路标底座模型顶面,喷头沿与 Y 坐标成 45°的方向打印三层模型表面密封层。

锥形交通路标底座填充实体模型 3D 打印结束后,如图 4.34(b)所示。

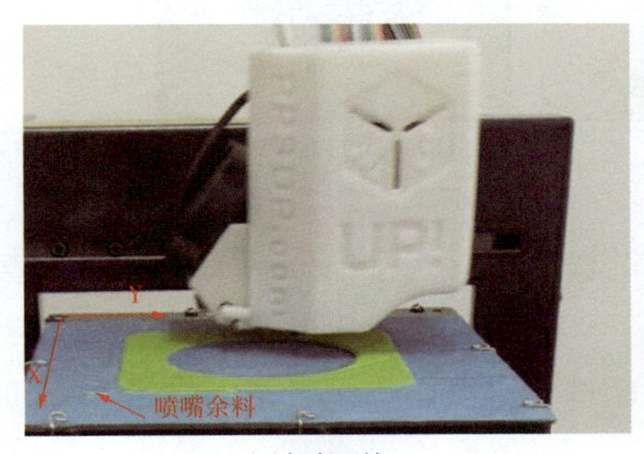

(a)打印开始

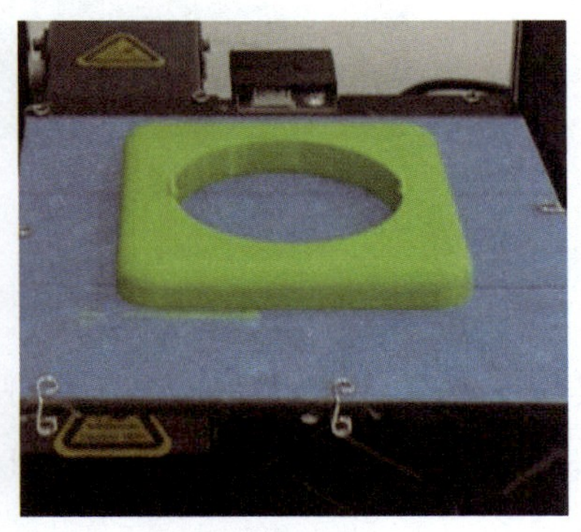
(b)打印结束

图 4.34 无基底打印

4.3.6 模型拆卸与分析

打印结束并等待打印平板冷却后,将打印平板连同锥形交通路标底座打印模型取下;采用小铲先将锥形交通路标底座模型从基底铲下,拆卸后的锥形交通路标底座模型如图 4.35 所示。图 4.36 所示为有基底打印的锥形交通路标底座模型,其底面质量(粗糙度)明显劣于无基底打印所得模型,如图 4.35(b)所示。

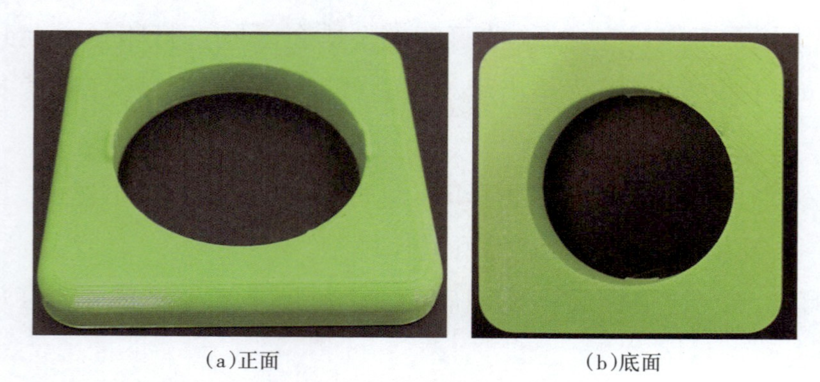

(a)正面　　(b)底面

图 4.35　锥形交通路标底座打印模型(无基底)

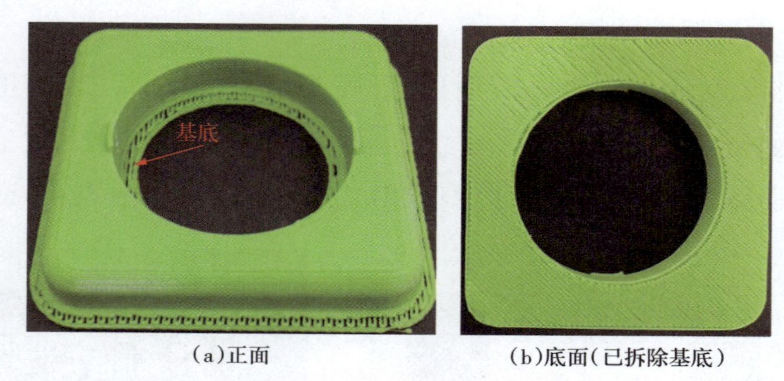

(a)正面　　(b)底面(已拆除基底)

图 4.36　锥形交通路标底座打印模型(有基底)

根据以上内容可得出,采用无基底打印模式,可以提高锥形交通路标底座模型底面的表面质量。另外,由于无需打印基底,因此还可以节省材料消耗和减少打印时间。无基底打印要求喷头高度稍小于有基底打印,以增加第一层打印丝材的宽度,从而增加模型与工作台的附着力。但要注意,加热板粘贴高温胶带后,要调整喷头的高度,喷头高度太小会导致材料挤出不顺畅;喷头高度太大,会导致模型主体与高温胶带的附着力不足。

任务 4.4 双色打印

UP Plus 2 3D 打印机具有在打印过程中暂停换料的功能。本任务将介绍通过使用暂停换料功能来实现锥形交通路标筒体两种颜色的交替打印。

4.4.1 打开三维模型与自动调整位置

打开 软件，根据保存路径选择要打印的筒体三维模型“yuanzhuiti.stl”，单击“自动布局” ，自动调整模型至默认最佳打印位置。

4.4.2 打印机初始化与平台预热

初始化打印机，使打印喷头和打印工作台返回打印机初始位置。打印机“初始化”完成后，在“三维打印”下拉菜单栏，单击“平台预热 15 分钟”，进行打印平台预热。

4.4.3 打印预览与打印参数设置

①在工具栏中单击“三维打印”，弹出下拉菜单栏；单击“打印预览”，弹出打印预览设置窗口，如图 4.37 所示。

②单击打印预览设置窗口“选项”，弹出参数选项设置窗口：“层片厚度”设为 0. 25 mm，“填充”选择右上角的“松散”模式（填充网格为 2 mm×2 mm 正方形）；单击“确定”返回打印预览设置窗口。

③在打印预览设置窗口设置“喷头高度”（具体数值通过喷嘴高度自动测

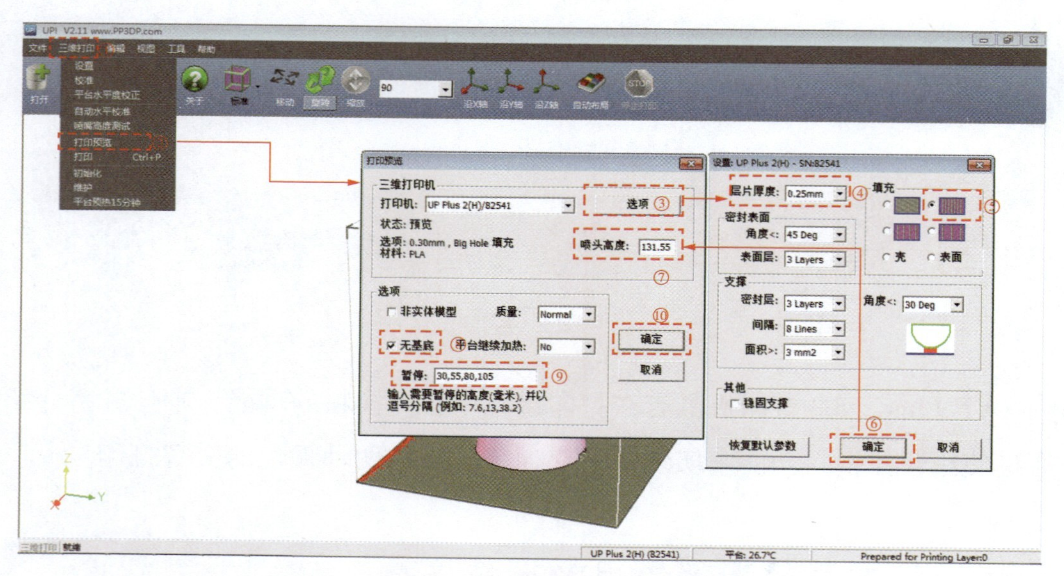

图 4.37 打印预览参数设置

试获得),选择“无基底”,输入“暂停”高度(30,55,80,105),系统默认单位是 mm。

④单击打印预览设置窗口“确定”,系统自动对三维模型进行分层和增加支撑结构,分层完毕后弹出打印信息预算框,如图 4.38 所示,打印丝材消耗 15.8 g,打印时间为 56 分钟。

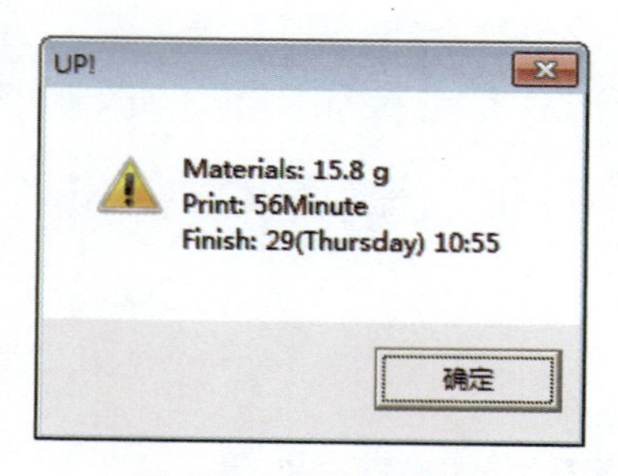

图 4.38 预览对话框

⑤单击打印信息预算框“确定”,退出打印预览。

⑥确认打印与数据传输。

通过“打印预览”,确认参数无误后,即可进行打印数据生成和传输。

4.4.4 3D 打印成形过程

当喷头温度升高至 PLA 打印丝材加工温度 210 ℃时,UP Plus 2 3D 打印机开始进行打印。

①喷头移至工作台空白区(非打印模型所在区域),打印平台上升至喷头高度为 0 mm 的位置后,喷头挤出丝材并直线移动一定距离,将喷嘴多余的丝材清除,如图 4.39 所示。

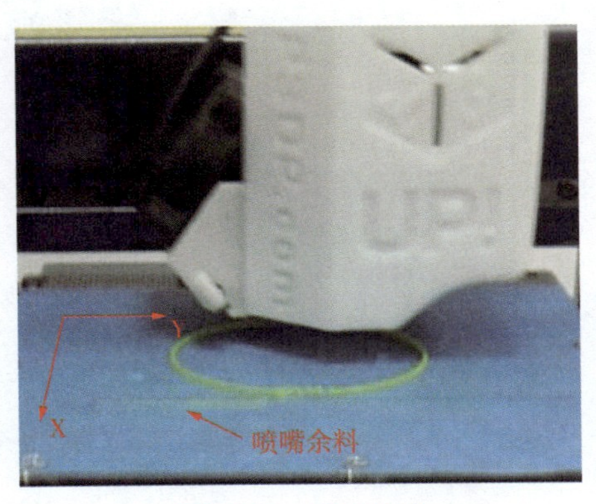

图 4.39 打印开始

②喷头停止挤出丝材,移至打印模型所在区域,喷头挤出丝材,并按照设定线路移动,开始打印锥形交通路标筒身模型。

a.打印锥形交通路标筒身模型底面,喷头沿与 Y 坐标成 45°的方向打印三层模型表面密封层。

b.打印锥形交通路标筒身模型主体,侧表面为两层密封层,内部为 2 mm×2 mm正方形填充网格。

c.模型打印高度到达第一个设定值 30 mm,打印自动暂停,工作平台下降至一定高度,如图 4.40 所示。

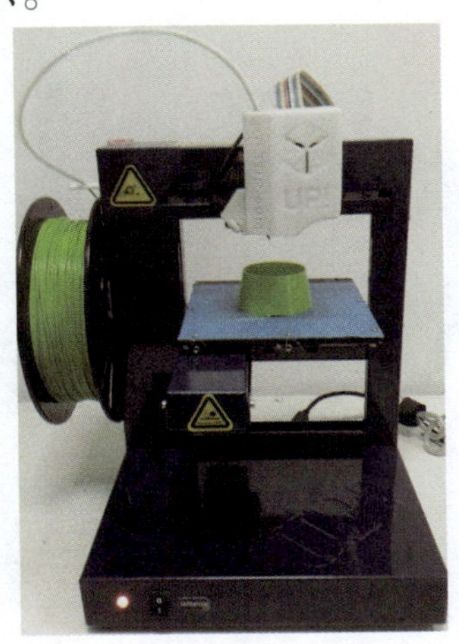

图 4.40 暂停(已打印高度 30 mm)

按以下步骤更换不同颜色的打印丝材：

①在控制软件工具栏中，单击“三维打印”，弹出下拉菜单栏。

②单击“维护”，弹出维护设置窗口，如图 4.41 所示。

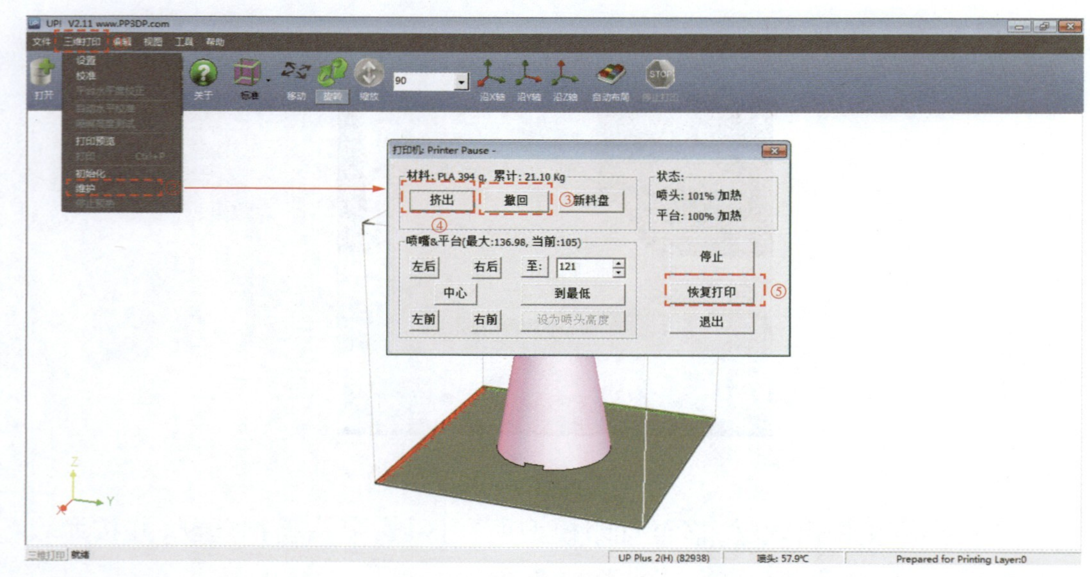

图 4.41　维护设置窗口

③单击“撤回”，喷头加热至加工温度后，设备自动撤回打印丝材。

④手工将打印丝材从丝架取下，换上所需颜色的打印丝材。丝材安装参见“项目 1”的“任务 1.2”之“1.2.2　安装打印机及控制软件”。

⑤单击控制软件维护设置窗口“挤出”选项，喷头加热至加工温度后，设备自动挤出少量丝材，如图 4.42 所示。

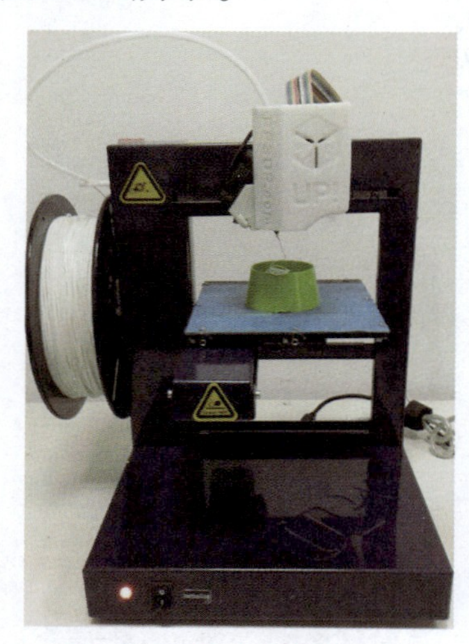

图 4.42　挤出新颜色丝材

⑥手工除去喷头余料,单击控制软件维护设置窗口"恢复打印"选项,打印机将继续进行模型打印,如图 4.43 所示。

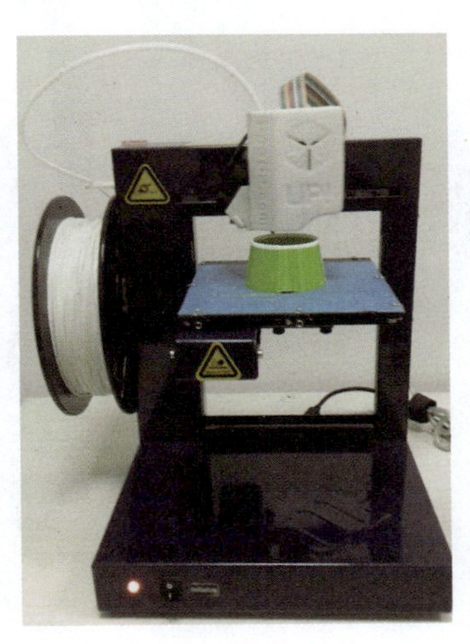

图 4.43 恢复打印

d.模型打印高度到达第 2 个设定值 55 mm 时,打印自动暂停,工作平台下降至一定高度,如图 4.44 所示。根据步骤 c 所述,更换不同颜色的丝材,继续进行打印。

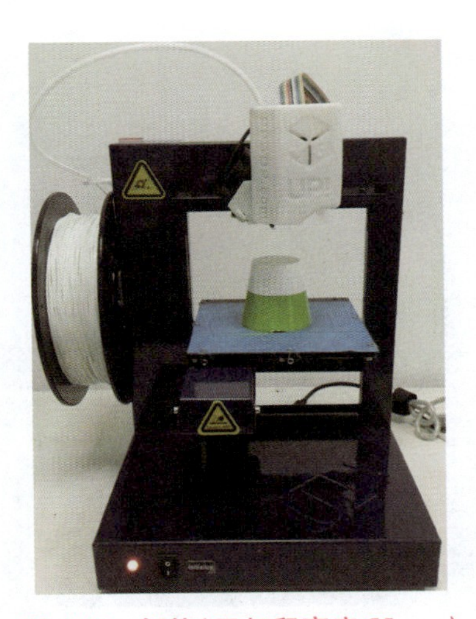

图 4.44 暂停(已打印高度 55 mm)

e.模型打印高度到达第 3 个设定值 80 mm,打印自动暂停,工作平台下降至一定高度,如图 4.45 所示。根据步骤 c 所述,更换不同颜色的丝材,继续进行打印。

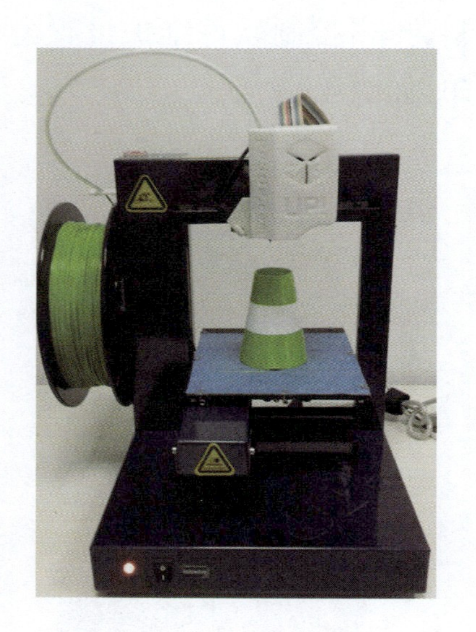

图 4.45　暂停(已打印高度 80 mm)

f.模型打印高度到达第 3 个设定值 105 mm 时,打印自动暂停,工作平台下降至一定高度,如图 4.46 所示。根据步骤 c 所述,更换不同颜色的丝材,继续进行打印。

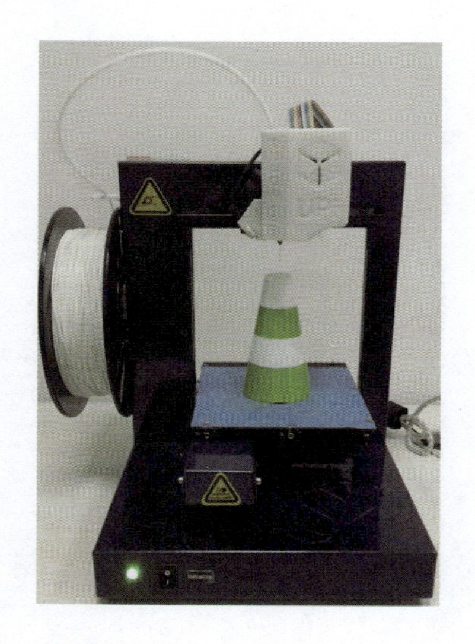

图 4.46　暂停(已打印高度 105 mm)

g.模型打印结束,如图 4.47 所示。

图 4.47 打印结束

4.4.5 模型拆卸与分析

待打印平板冷却后,将打印平板连同锥形交通路标筒体打印模型取下;采用小铲将筒体模型零件从打印平板铲下,拆卸后的模型如图 4.48 所示。

图 4.48 模型拆除

根据以上内容得出,利用暂停功能可实现两种(甚至多种)颜色交替打印。在更换不同颜色的丝材过程中,要注意操作顺序,挤出时要确保完全清除换料前的丝料余料,挤出的丝材颜色与所用材料颜色一致,才能恢复打印。

任务4.5 模型拼接

本任务将介绍多个3D打印模型的拼接。模型拼接常用亚克力强力型黏合剂，如图4.49(a)所示。该黏合剂属于有机溶剂，通过溶解ABS和PLA等3D打印模型表层来实现拼接。该黏合剂凝固速度适中，涂覆在模型表面数秒钟之后才会完全凝固，便于拼接模型之间的位置调整，因此使用效果优于日常生活常用的502瞬间固化黏合剂。

(a)黏合剂

(b)锥形交通路标模型的筒体和底座

(c)针筒

(d)涂敷黏合剂

(e)模型拼接效果

图4.49 黏合剂与锥形交通路标模型拼接

锥形交通路标筒体和底座，预设了凹凸榫结构，如图 4.49(b)所示，筒体为槽，底座为榫，用针筒抽取黏合剂沿着切割边均匀涂敷，如图 4.49(d)所示，在没有完全粘固前可调整模型的装配位置，待粘固后即可完成拼接组合。

通过以上内容得出，当模型超出打印设备的工作范围，可以采用切割的方法把整体模型分成若干部分打印；在黏合模型的时候要准确装配预设定位的榫槽，在切割线上均匀涂敷黏合剂，实现拼接成型。

项目小结

本项目介绍了超出打印范围的打印模型的分割、材料更换、无基底打印、双色交替打印和模型拼接。无基底打印可获得高质量的模型底部平面，但需在打印平板上粘贴耐热胶带以增加模型底部与打印平台的附着力，防止模型在打印过程中产生翘边和变形。UP Plus 2 3D 打印机具有在打印过程中暂停换料功能，利用该项功能可实现模型多种颜色的交替打印。

【练习】

请分析题图 4.1 和题图 4.2 所示模型的二维图，并进行三维建模和采用不同打印参数进行 3D 打印。

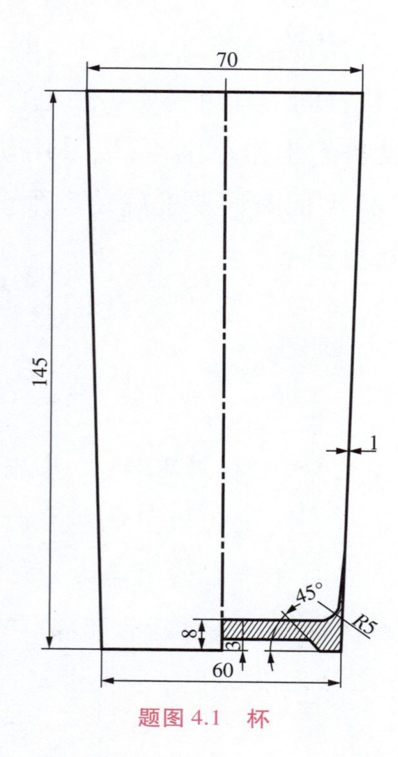
70
145
1
45°
8
3
R5
60

题图 4.1　杯

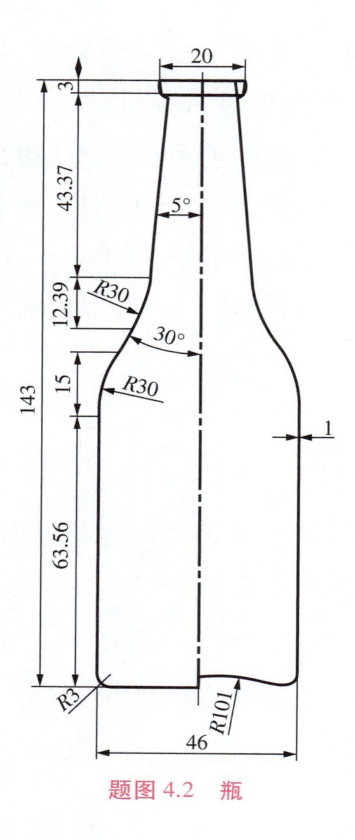
20
3
43.37
5°
12.39
R30
30°
15
R30
143
1
63.56
R3
R101
46

题图 4.2　瓶

项目5

3D打印设备维护、常见打印问题及改善

设备维护与常见打印问题处理是3D打印专业人员必备技能。本项目将详细介绍UP Plus 2 3D打印机常用维护,并针对常见打印问题展开讨论。本项目最后还将介绍几个有用的案例,以说明UP Plus 2 3D打印机的操作技巧。

任务5.1 3D打印设备维护

5.1.1 喷嘴清理

打印机在工作时,打印丝材长时间暴露在外,容易吸附空气中灰尘和其他杂质,积聚在喷嘴内部,影响丝材正常喷出。如图5.1所示,通过测量喷嘴喷出丝材的直径和观察丝材表面质量,即可了解喷嘴是否正常工作。当喷出丝材直径接近喷嘴出丝口直径0.4 mm且表面光滑,喷嘴工作正常;当喷出丝

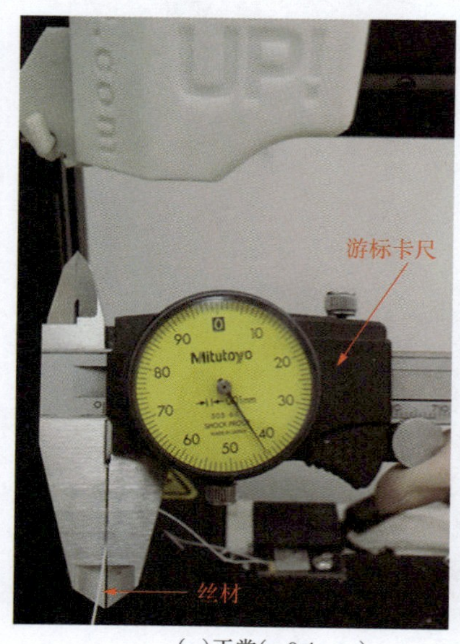

(a)正常(≈0.4 mm)

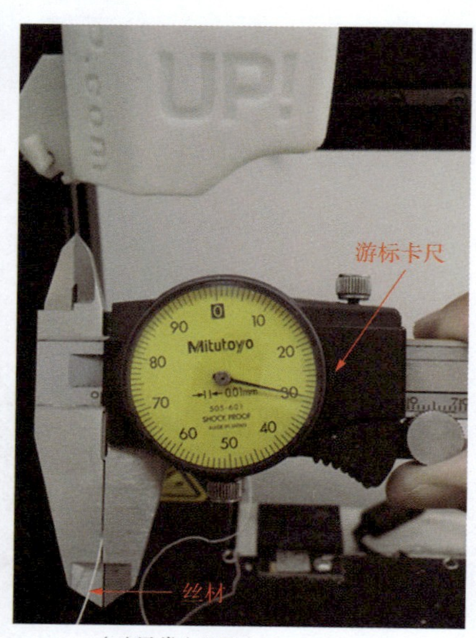

(b)异常(明显小于0.4 mm)

图5.1 丝材测量

材直径明显小于喷嘴出丝口直径或表面粗糙，则说明喷嘴内部积聚杂质，需要进行喷嘴清理。

喷嘴清理操作过程如下：

(1)丝材撤回

打开 UP! 控制软件，在工具栏中单击"三维打印"，弹出下拉菜单栏，单击"初始化"，三维打印机回到初始点后，单击"维护"弹出维护设置窗口，选择"撤回"，喷头进入加热状态；待温度达到 260 ℃即可撤出丝料，如图 5.2 所示。

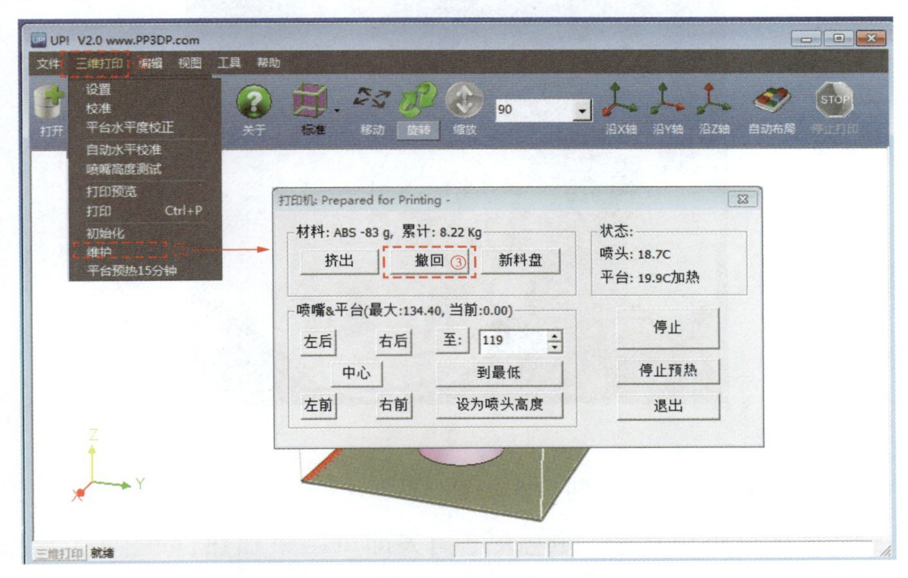

图 5.2 撤回丝料

(2)拆卸喷嘴

待撤出丝料后，穿上隔热手套，在喷嘴温度仍处于较高时，用喷嘴扳手顺时针旋转卸下喷嘴，如图 5.3 所示。

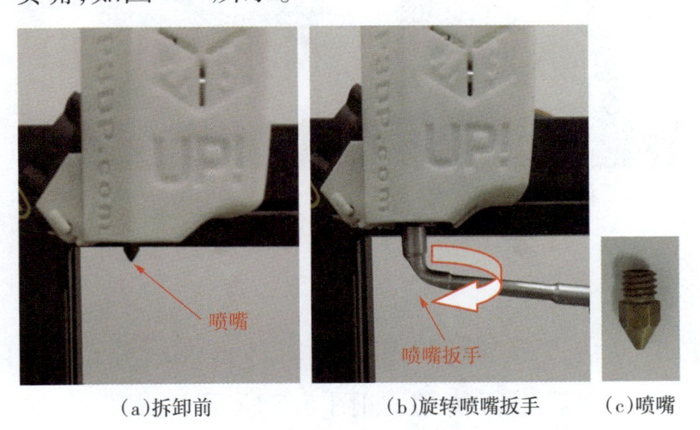

(a)拆卸前 (b)旋转喷嘴扳手 (c)喷嘴

图 5.3 拆卸喷嘴

（3）加热喷嘴

①穿戴隔热手套和口罩来到室外实验场地，点燃酒精灯用镊子夹持已卸下的喷嘴进行加热，如图 5.4 示。

图 5.4　加热喷嘴

②喷嘴加热至一定温度时，堵塞在喷嘴处的丝材和杂质将挥发到空气中。挥发时火焰呈黄色状态，黄色火焰消失即可结束加热，如图 5.5 所示。

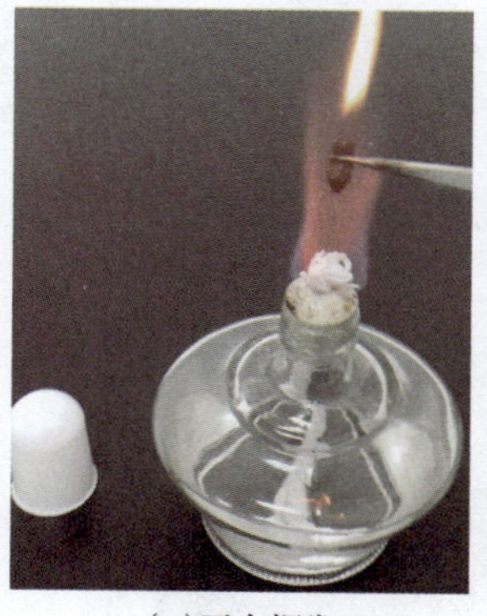

（a）正在挥发

（b）挥发完毕

图 5.5　丝材与杂质的挥发

（4）喷嘴疏通

喷嘴经过加热后，大部分耗材和杂质将被挥发清除；如仍有残余杂质积聚，则需使用喷嘴疏通器进行清理，如图 5.6 所示。清理前，先将喷嘴螺纹固定在疏通器活塞筒的前端的螺纹孔,然后再利用活塞运动产生的压缩空气清除残留喷嘴里的杂质。

(a)喷嘴疏通器

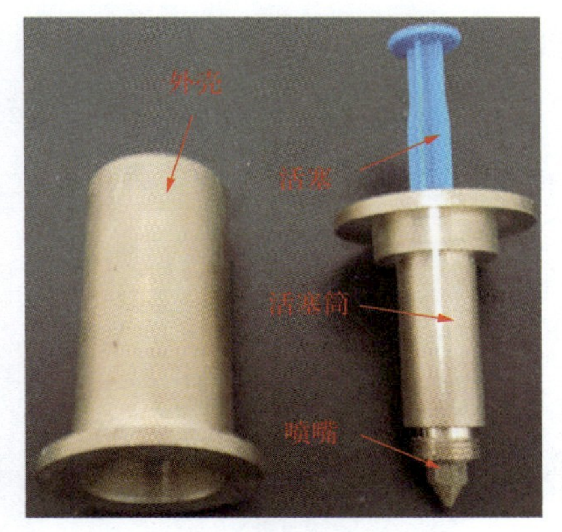

(b)装配喷嘴

图 5.6 疏通喷嘴

(5)喷嘴安装

用喷嘴扳手逆时针旋转喷嘴,使之固定在喷头上。

5.1.2 喷头高度手动调整

喷头高度(H),即初始化后喷头底面至打印平板顶面的距离,如图 5.7 所示,对 3D 打印是否成功有重要影响。喷头高度过大,3D 打印的基底第一层无法有效嵌入打印平板的孔内,无法产生足够的附着力,容易导致基底翘起,

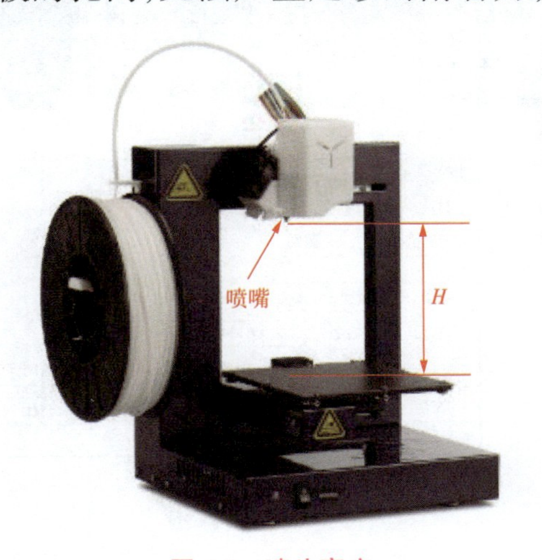

图 5.7 喷头高度

使得后续的打印无法正常进行,此过程中模型基底无法固定;喷头高度过小,3D 打印基底的第一层时,由于挤出缝隙太小,而增加了喷嘴的挤出阻力,容易导致丝料无法正常挤出。

UP Plus 2 3D 打印机不仅可以借助“自动对高块”进行喷头高度测试,还可以手动调整喷头高度,以获得最佳打印效果。手动调整前,一般需要先进行自动喷头高度测试,了解喷头的大致高度。手动调整喷头高度步骤如下:

①3D 打印机初始化。

②自动喷头高度测试(详细过程参见“项目 1”的“任务 1.3”之“1.3.3 3D 打印机喷嘴高度自动测试”)。

a.将喷头擦拭干净,水平校准器不能安装在喷头上。

b.将 3.5 mm 双头线分别插入“自动对高块”和打印机背面底部的插口。

c.单击控制软件中“三维打印”下拉菜单“喷嘴高度测试”选项,启动喷头高度测试,打印平台将逐渐上升,直至自动对高块上的弹片与喷嘴接触;测量完成时,控制软件自动弹出喷嘴当前高度对话框,系统将自动记录喷头的高度。

d.单击“喷嘴当前高度对话框”的“确定”按钮,结束自动喷头高度测试。

③手动调整喷头高度。

a.将喷头和打印工作台调至合适位置,操作步骤如图 5.8 所示。

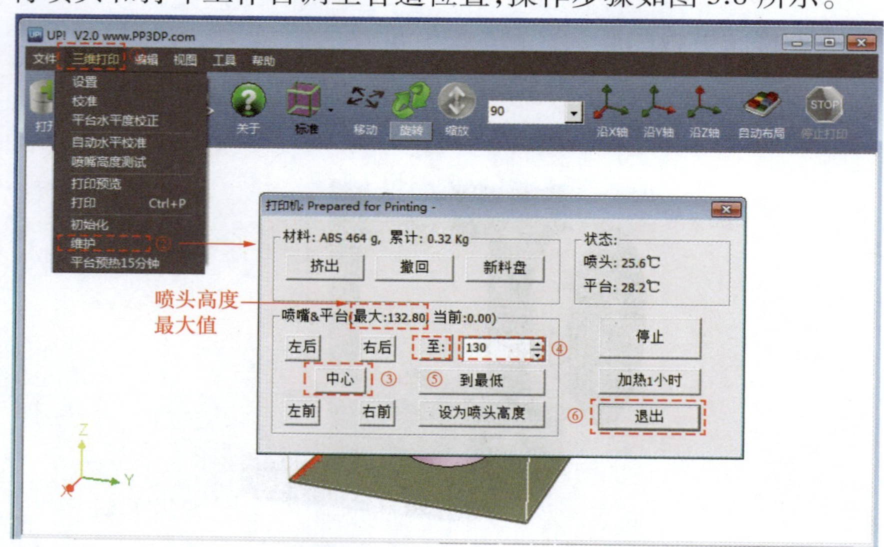

图 5.8 手动调整喷头高度

①在控制软件工具栏中单击“三维打印”,弹出下拉菜单栏。

②单击“维护”按钮,弹出打印机状态观察窗口。

③单击打印机状态观察窗口“中心”按钮,使喷头移至平台中心。

④接着修改喷头高度,输入一个接近喷头的预定高度值(设为130,必须小于喷头高度测试时打印机状态观察窗口所示的喷头高度最大值)。

⑤单击“至:”按钮,打印机工作平台将沿Z轴方向移动至高度为130 mm位置,此时打印平板上表面与喷头底面仍有一定间隙,如图5.9所示。

⑥单击“退出”按钮,关闭打印机状态观察窗口。

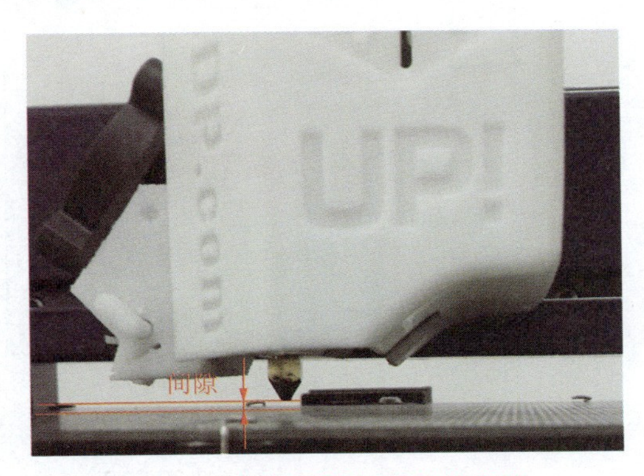

图5.9　打印平板与喷头的间隙

b.微调喷头高度至合适数值,操作步骤如图5.10所示。

①单击“三维打印”弹出下滑菜单。

②单击下滑菜单中的“平台水平校正”按钮,弹出平台水平校正界面,如图5.10(a)所示。

③单击对话框里的向上箭头,调整喷头高度,每单击一次,打印平台沿Z轴向上移动0.1 mm,直到打印平板与喷嘴接触,如图5.10(b)所示。

④单击对话框里的“设定喷嘴高度”按钮,系统弹出设定喷头高度询问窗口,如图5.10(c)所示;单击“是”按钮,完成喷头高度微调。系统设定喷头高度比打印平板接触喷嘴时的高度小0.2 mm,目的是使得喷嘴在打印平板进行第一层打印时有0.2 mm的间隙,保证打印丝材能顺利挤出的同时,又有一定量的丝材挤入打印平板的孔中,以获得较大的附着力。

c.测试喷头高度,操作步骤如图5.11所示。

①在控制软件工具栏中单击“三维打印”弹出下拉菜单栏。

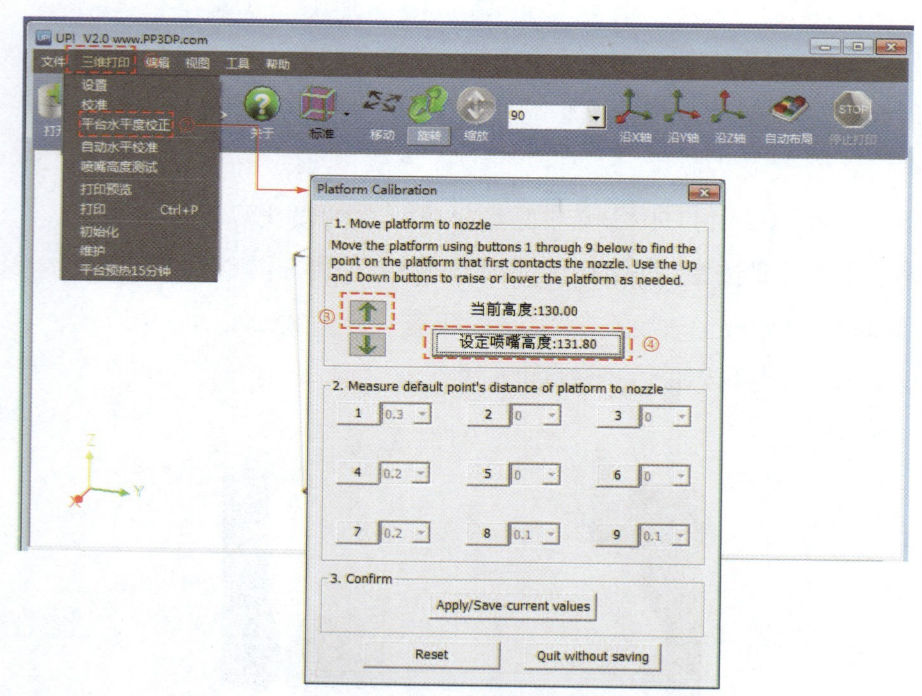

(a)平台水平度校正界面

(b)喷嘴与打印平板接触

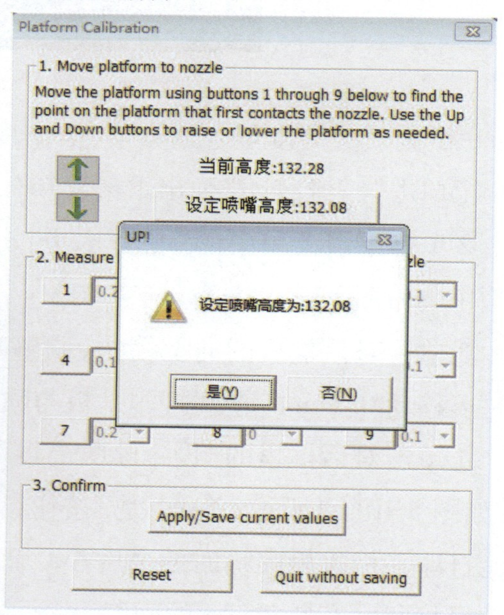

(c)设为喷头高度

图 5.10 微调喷头高度操作步骤

②单击“维护”按钮，弹出打印机状态观察窗口。

③单击打印机状态观察窗口“中心”按钮，使喷头移至平台中心。

④单击打印机状态观察窗口“到最低”按钮，使打印平台下降至Z轴最低位置。

⑤输入步骤b.所得喷头高度值。

⑥单击“至：”按钮，打印机工作平台将沿Z轴方向移动至喷头高度值对应位置。

⑦将对折的A4纸塞进喷嘴与打印平板之间的间隙，如图5.11所示，判断高度是否合适。如能顺利塞进去，则说明喷头高度合适；若过紧或过松，则需调整喷头高度。

⑧单击“退出”按钮，关闭打印机状态观察窗口，完成喷头高度测试。

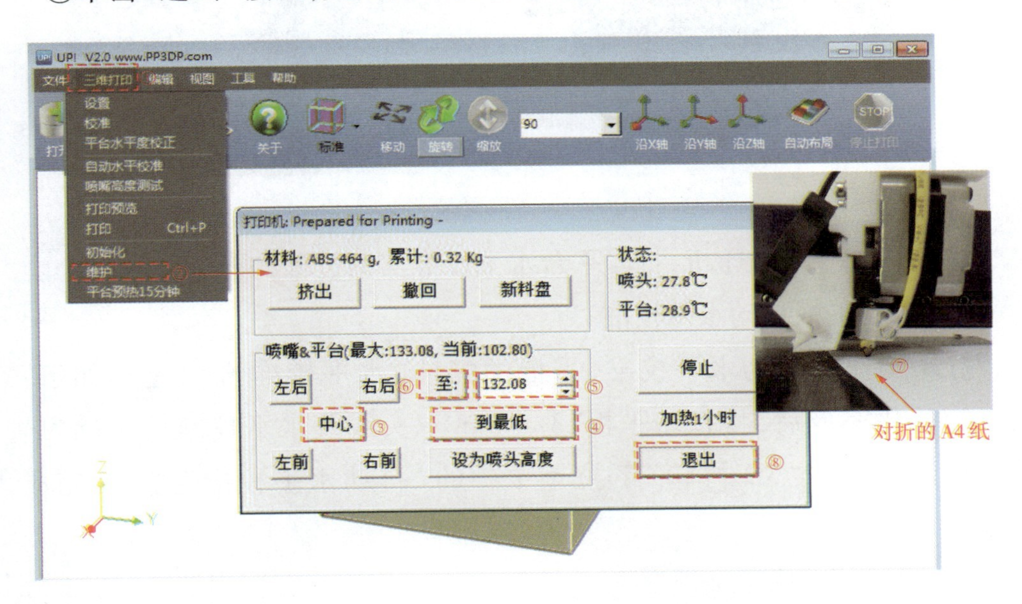

图5.11　测试喷头高度

5.1.3　打印平台水平校准

3D打印，要求打印平台具有较高的水平度，原因在于打印平台的水平度，直接影响打印初始阶段喷头与打印平板之间间隙的均匀程度。间隙过大，容易出现基底翘边；而间隙过小，则容易堵塞喷头。

UP Plus 2 3D 打印机，可借助配件“水平校准器”检测打印平台的水平情况，并在打印数据生成过程中，自动对打印工作平台各个位置进行补偿。但打印平台水平较差时，需通过调节打印设备平台底部的调节螺丝来调整平台的水平，如图 5.12 所示。

图 5.12 平台底部调节螺丝

UP Plus 2 3D 打印机，打印平台水平校准实例过程如下。

(1)打印平板自动水平校准

打印工作台自动水平校准，需借助配件“水平校准器”，过程如下：在设备初始化完成后，将打印平板、3. 5 mm 双头线及水平校准器正确安置；单击控制软件中“3D 打印”下拉菜单中的“自动水平校准”选项，完成水平校准。

(2)显示平台水平情况

单击控制软件中“3D 打印”下拉菜单中的“平台水平度校正”选项，如图 5.13 所示，观察 9 个校准点的数据。由图 5.13 可以看出，测量点 3、6 和 9 数据为 0. 2，而其他测量点均为 0，由此可看出测量点 3、6 和 9 所在的部位偏高，需降低其高度。

(3)打印平台水平校准

测量点 3、6 和 9 所在的部位主要由调节螺钉“2”和螺钉“3”决定。如图 5.14 所示，顺时针转动调节螺钉“2”(约为 1/5 圈)和转动调节螺钉“3”(约为

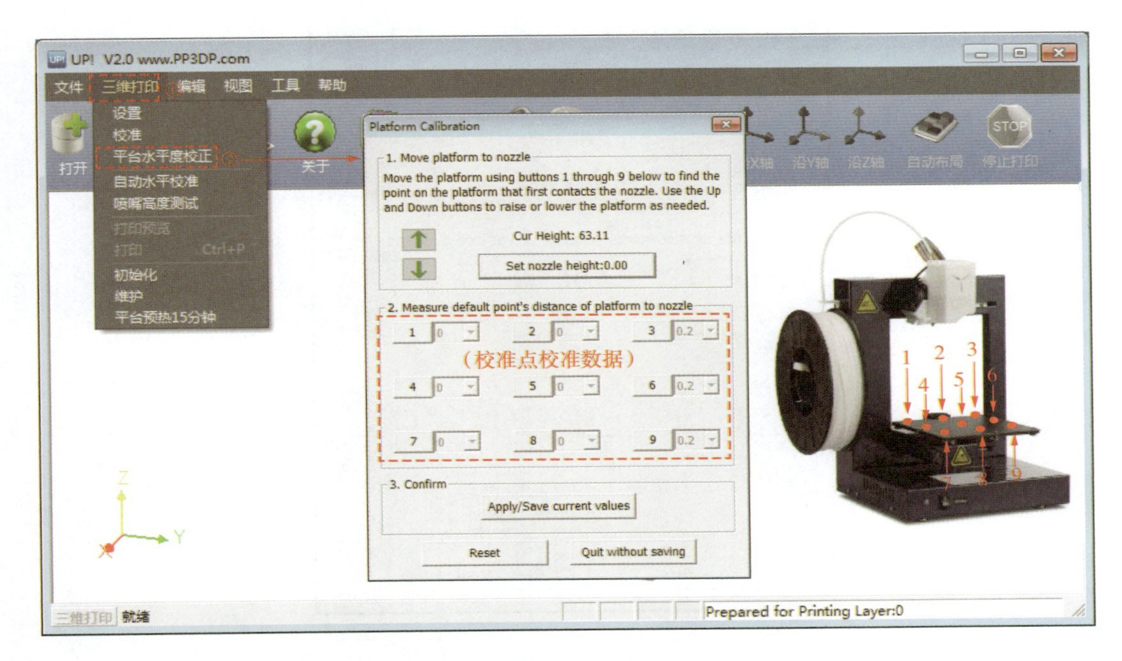

图 5.13 3D 打印机工作台水平度

1/10 圈），将打印平台测量点“3”“6”和“9”所在部位的高度降低。

图 5.14 调节螺丝选择与转动方向

图 5.15 为转动调节螺钉后的平台水平情况，达到了水平要求。

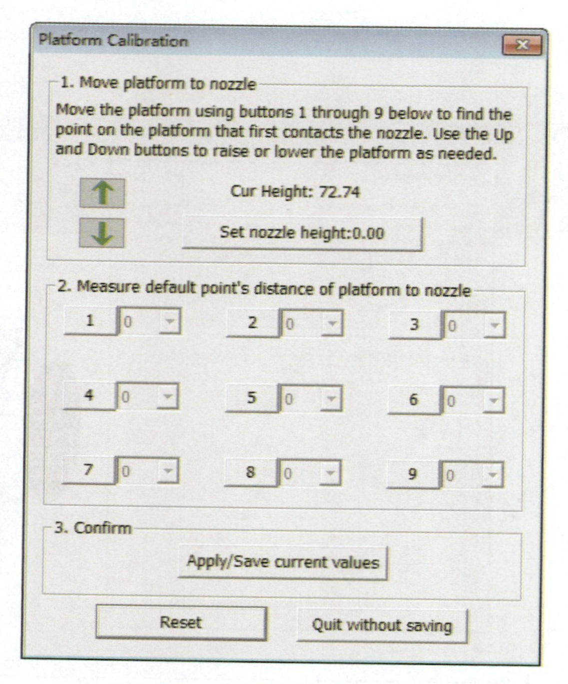

图 5.15　3D 打印机工作台水平度

5.1.4　垂直校准

垂直校准可以确保打印平台 X,Y 和 Z 轴的方向。UP Plus 2 3D 打印机控制软件附带了校准模型文件(默认存储路径为 C:\ProgramFiles\UP\Example\Calibrate96.UP3)。垂直校准需借助校准模型。

垂直校准步骤如下:

①打开校准模型,单击"自动布局",将模型调整至默认最佳打印位置,如图 5.16 所示。

②采用系统默认工艺参数值,如图 5.17 所示,片层厚度为 0.25 mm,打印填充实体,打印结果如图 5.18 所示。

③打开校准对话框,将模型测量数据填入相应的文本框内,如图 5.19 所示。注意:在输入新的校准值之前,必须单击复位按钮,否则新的值就会被添加到旧的值中。在以下操作前,屏幕的上方栏均应显示为:Y:0.00 度/XZ:0.00 度。

a.测量模型 XY 平面对角线长度 $X1$ 和 $X2$,并输入校准对话框的相应文

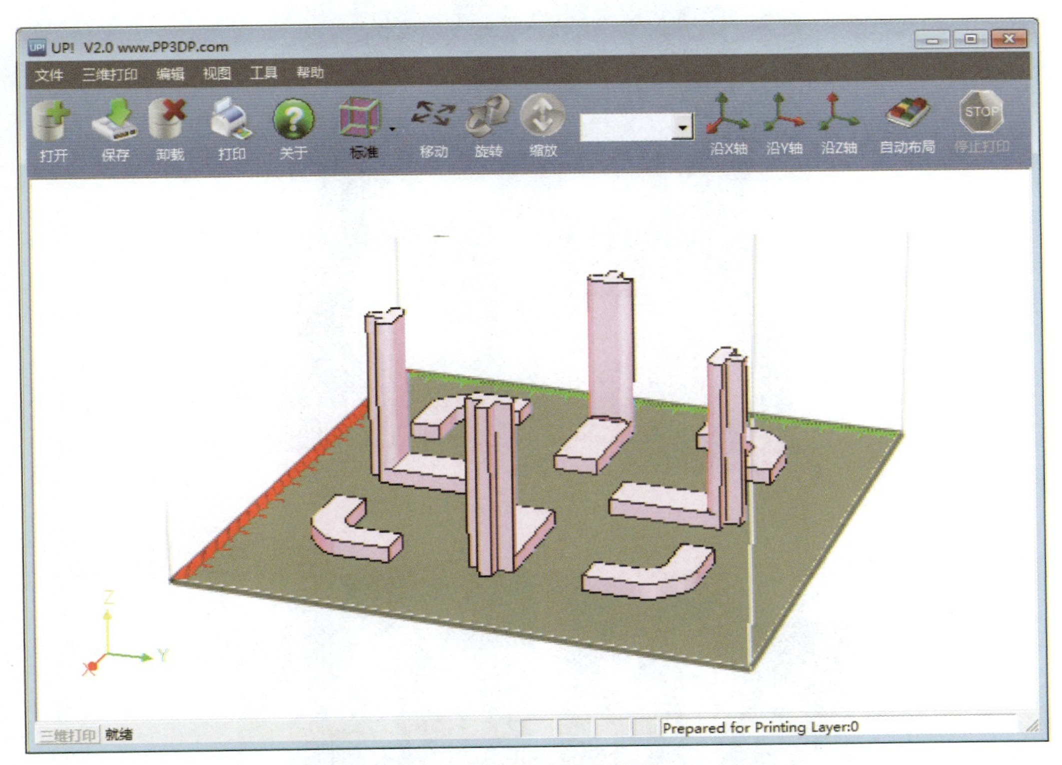

图 5.16 垂直校准模型

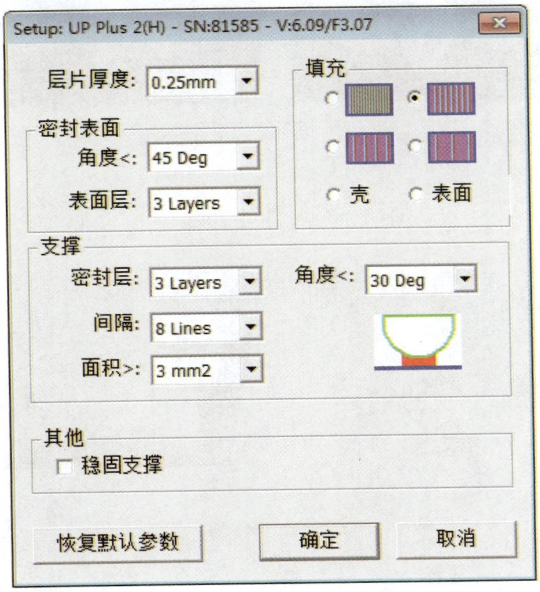

Setup: UP Plus 2(H) - SN:81585 - V:6.09/F3.07

层片厚度: 0.25mm

密封表面

角度<: 45 Deg

表面层: 3 Layers

填充

壳 表面

支撑

密封层: 3 Layers

角度<: 30 Deg

间隔: 8 Lines

面积>: 3 mm2

其他

稳固支撑

恢复默认参数 确定 取消

图 5.17 打印参数设置

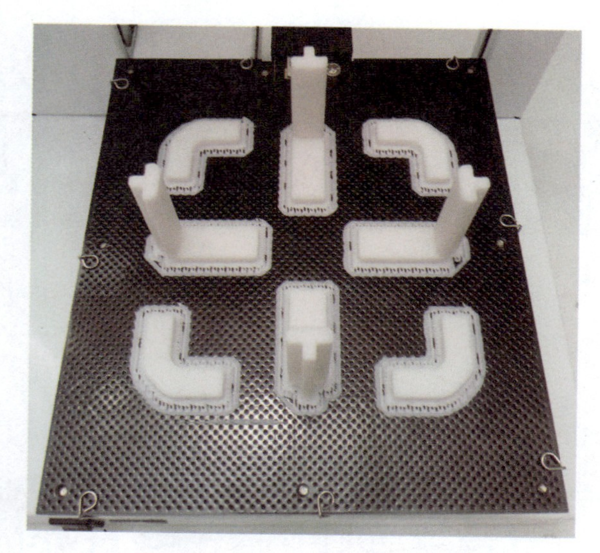

图 5.18　垂直校准模型打印结果

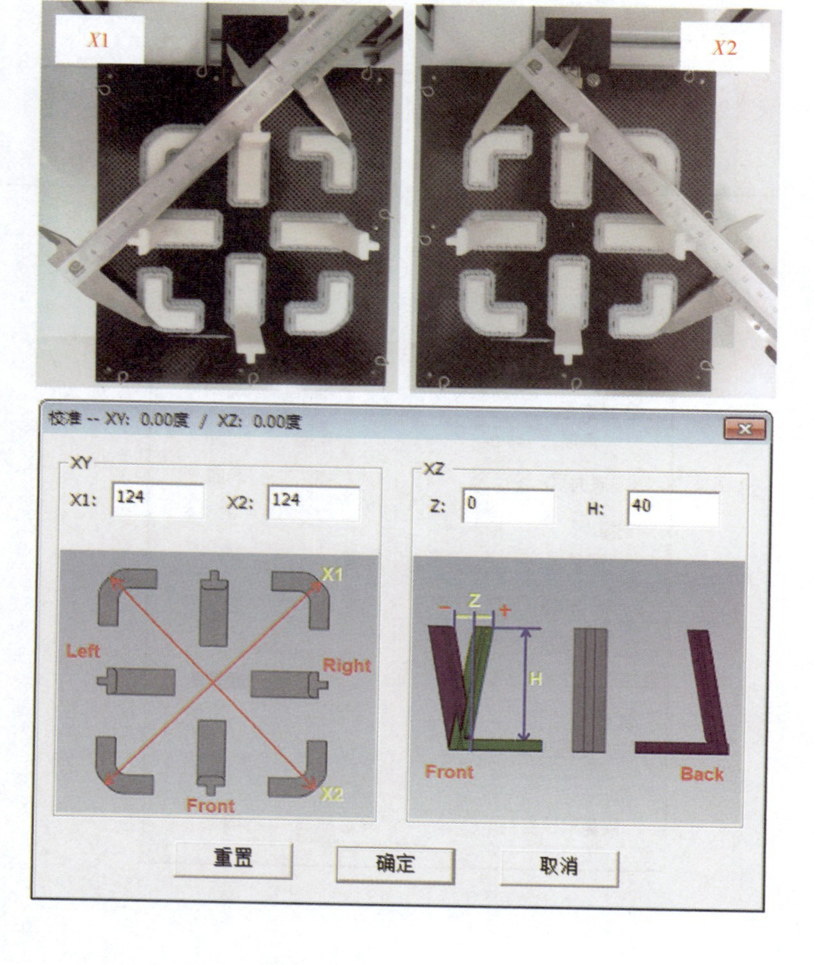

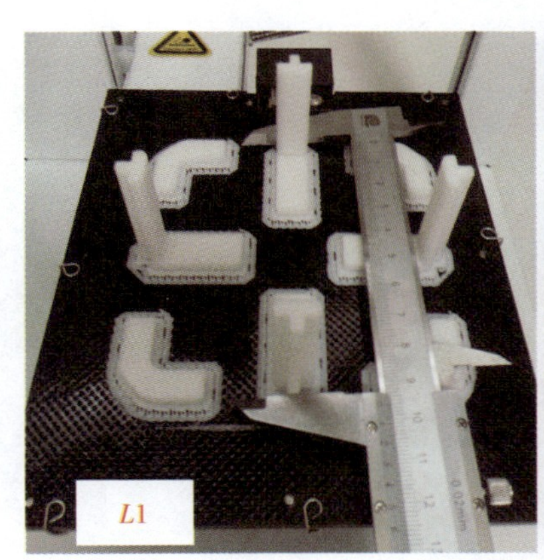

图 5.19 垂直校准模型数据测量与输入

本框。

b.测量模型前后 L 形组件底部长度 $L1$ 和顶部的长度 $L2$,计算其差值($L1-L2=Z$),并输入校准对话框 Z 文本框。如果此值在偏离右侧,输入 Z 框中的值就是一个正的数值;如果此值在偏离左侧,输入 Z 框中的值就是一个负值。

c.测量中心组成部分的高度 H(标准值为 40 mm),并在 H 框校准对话框中输入测量的准确值。

d.单击“确定”,记录上述所有测量值,并退出校准窗口。

任务 5.2 3D 打印常见质量问题及改善

5.2.1 非实体模型

(1)现象

某模型在 UP Plus 2 3D 打印机控制软件界面里显示为红色和粉色,如图 5.20(a)所示。按照系统默认参数进行填充实体打印时,仅打印部分支撑,如图 5.20(b)所示,打印失败。

(a)模型

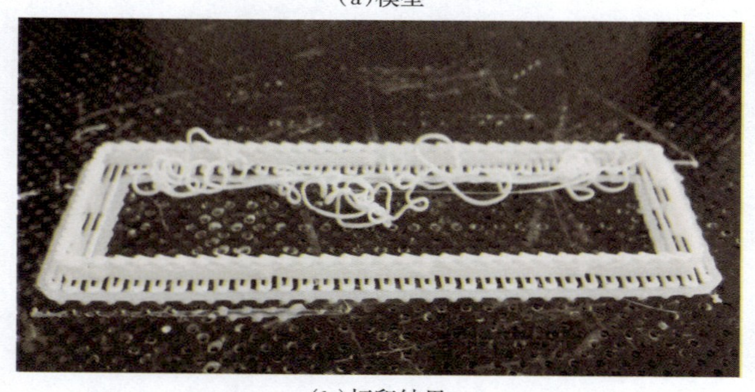

(b)打印结果

图 5.20 某填充实体 3D 打印失败

(2)分析

在 UP Plus 2 3D 打印机控制软件界面中,当三维模型的面组不完全密封时，如图5.21所示，其整体或局部面组会显示为红色。控制软件无法对模型红色部分进行切片分层，因此无法打印成型。

图5.21　非密封模型

（3）解决

①如图5.22所示，在控制软件的项目栏中，单击“编辑”，弹出下拉选项栏，选择“修复”，软件会自动对显示为红色的面组进行修复。如果修复后全部红色的面组均变成粉色，如图5.23所示，那说明修复成功，模型可正常打印。采用系统默认参数进行填充实体打印的结果，如图5.24所示。

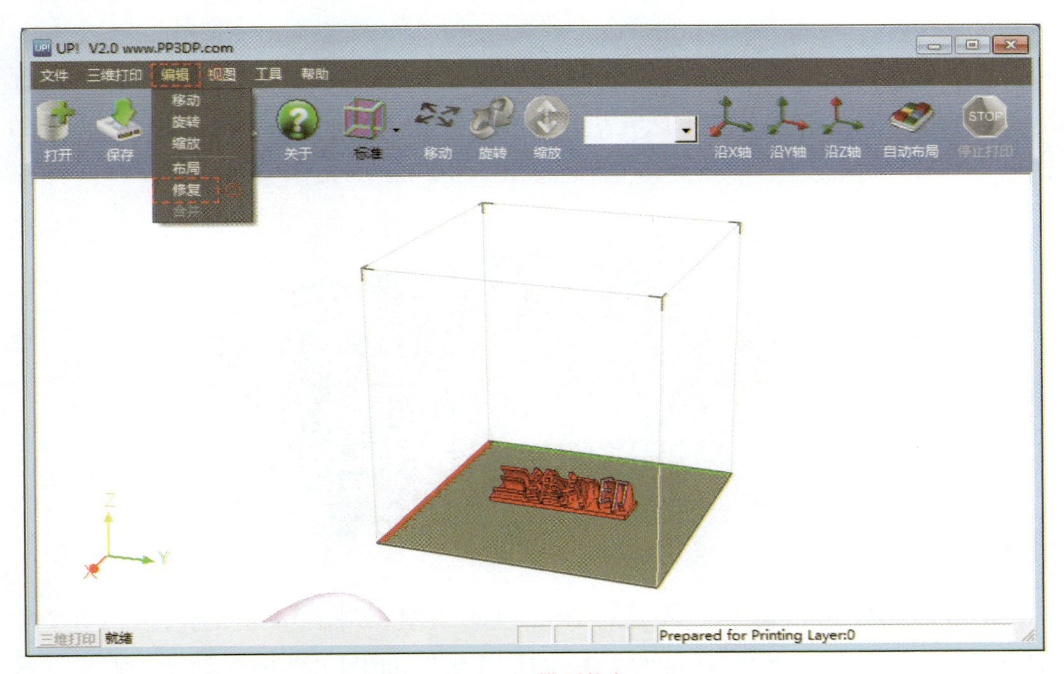

图5.22　模型修复

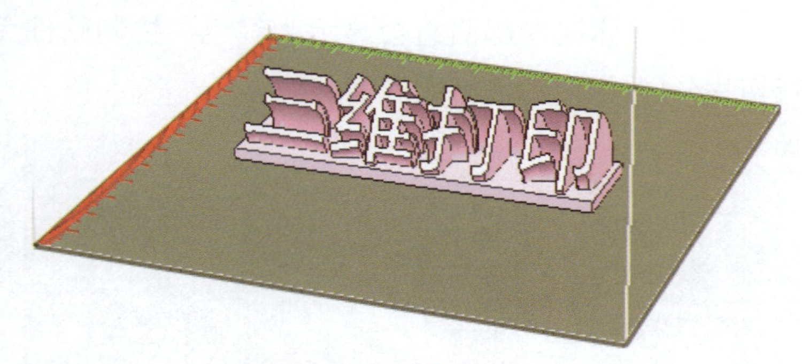

图 5.23　模型修复结果

图 5.24　填充实体打印结果

②若对模型进行修复后仍然存在红色的面组，如图 5.25 所示，采用系统默认参数进行填充实体打印的结果，如图 5.26 所示，红色的面组依然打印失败。

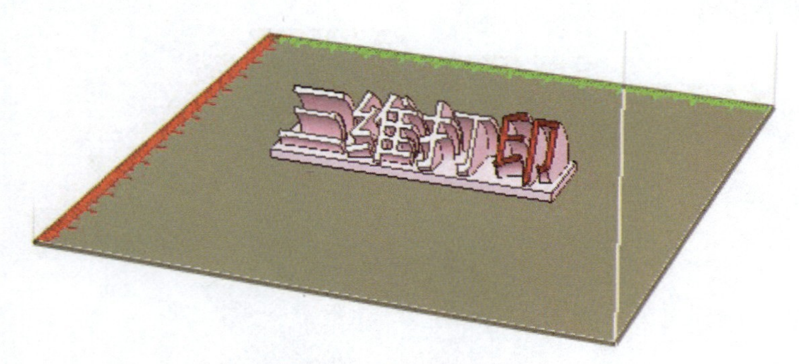

图 5.25　模型修复结果

③若对模型进行修复后还是存在红色的面组，如图 5.25 所示，可以在"打印"弹出对话窗口的选项中勾选"非实体模型"，如图 5.27 所示，控制软件在切片分层时，将会把模型默认为实体模型进行分层，使得该模型可以正常打印。

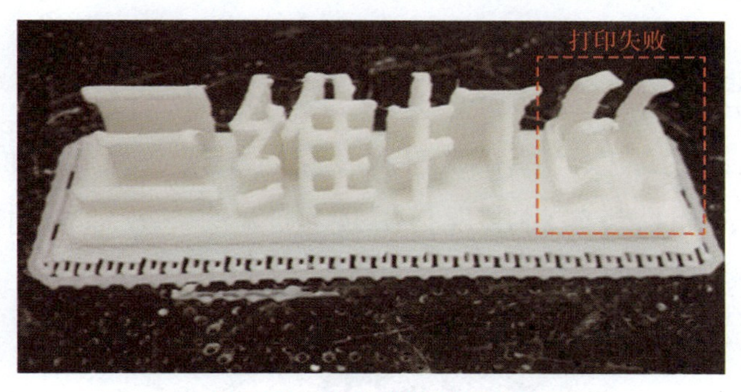

图 5.26 填充实体打印结果

打印预览

三维打印机

打印机: UP Plus 2(H)/82938 选项

状态: 预览

选项: 0.30mm , Solid 填充 喷头高度: 135.6

材料: PLA

选项

☑ 非实体模型 质量: Normal

☐ 无基底 平台继续加热: No

确定

取消

暂停:

输入需要暂停的高度(毫米), 并以
逗号分隔 (例如: 7.6,13,38.2)

图 5.27 非实体模型

5.2.2 喷嘴停止挤出丝材

(1)现象

UP Plus 2 3D 打印机在对模型打印工作时,喷头有时候会出现停止挤出丝材,导致无法继续对模型进行打印,如图 5.28 所示。

图 5.28 喷头挤出失效

(2)分析

①喷头工作时依靠送丝电机的齿轮转动带动丝材进给。丝材表面的灰尘、丝材与电机齿轮摩擦产生的粉末等,容易积聚在齿轮表面,如图 5.29 所示。当积聚物较多时,齿轮将出现打滑现象,无法有效地带动丝料进给,导致喷头无法正常挤出丝材。

图 5.29 齿轮积聚物

②丝材容易吸附空气中的灰尘和其他杂质,在打印过程中,积聚在喷嘴内部。积聚物较多时,将导致喷嘴堵塞,使得喷头无法挤出丝材。

(3)解决

①送丝电机齿轮清理。首先拆卸喷头,然后用毛刷清扫送丝电机齿轮上的积聚物,以保证丝材正常进给。图 5.30 所示,为清理后的齿轮。

图 5.30 清扫齿轮

②喷嘴清堵，具体过程见本项目“任务 1”之“5.1.1　喷嘴清理”。

5.2.3　基座翘边

（1）现象

基底翘边变形，如图 5.31 所示，是 3D 打印常见缺陷之一，直接影响模型的尺寸精度和形状结构。

图 5.31　基底翘边

（2）分析

①喷嘴高度过高，使得第一层打印时喷嘴与打印平板间的间隙太大，导致模型基底与打印平板附着力较弱。打印过程中模型自身的收缩力超过基底与打印平板的附着力时，将产生基底翘边。

②打印平台的水平度偏差太大，也会使得模型基底与平台板附着力不均匀，在附着力较弱的位置容易产生基底翘边。

③UP Plus 2 3D 打印机为开放式结构，打印过程中模型温度的变化直接受周围空气和温度的影响。若周围空气温度明显低于模型温度，将会加快模型温度的下降，明显增加模型的收缩力，进而导致基底翘边。

（3）解决

①调整喷嘴高度，使第一层打印时调节打印平台板与喷嘴的高度距离为 0. 10~0. 15 mm，加大模型基底与平台板附着力强度，以减少基底翘边现象。

②校准打印平台的水平度，减小水平度的偏差，使模型基底与平台板附着力均匀一致，分散模型的收缩力，从而减少基底翘边现象。

③控制室内温度、气流和湿度。可采用室温控制器，使得室内温度保持在 20~30 ℃，避免模型冷却速度过快，从而减小模型的收缩力，达到减少基底

翘边的目的。

此外,PLA 丝材冷却凝固时,产生的收缩力明显小于 ABS 丝材。在模型材料可替换时,选用 PLA 丝材替换 ABS 丝材,可减少基底翘边的产生。

5.2.4 模型翘曲变形

(1)现象

某细长类鳄鱼模型如图 5.32 所示,其包容外形尺寸(长×宽×高)为 135 mm×10 mm×10 mm。

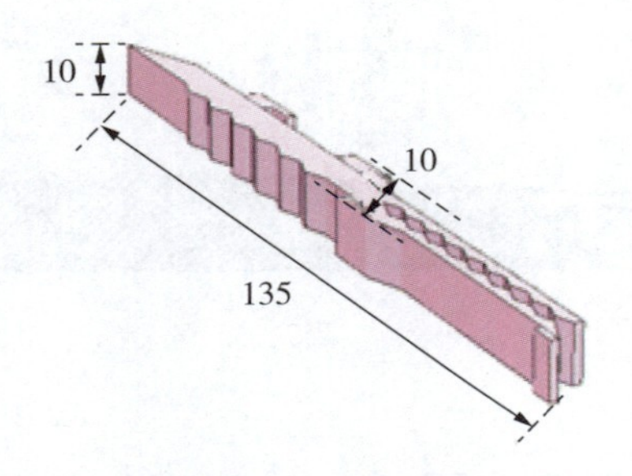

图 5.32 鳄鱼模型

UP Plus 2 3D 打印机,采用 ABS 打印丝材和表 5.1 所示工艺参数,3D 打印所得填充实体成形件如图 5.33 所示,发现成形件产生翘曲变形严重,鳄鱼模型头部和尾部在高度方向的翘曲量分别为 0.4 mm 和 1 mm。

表 5.1 主要工艺参数

打印层厚	打印速度	喷头温度	打印平台温度	环境温度	内部填充密度
0.25 mm	40 mm/s(默认打印速度)	260 ℃	100 ℃	18 ℃	松散(边长 2 mm 的正方形填充网格)

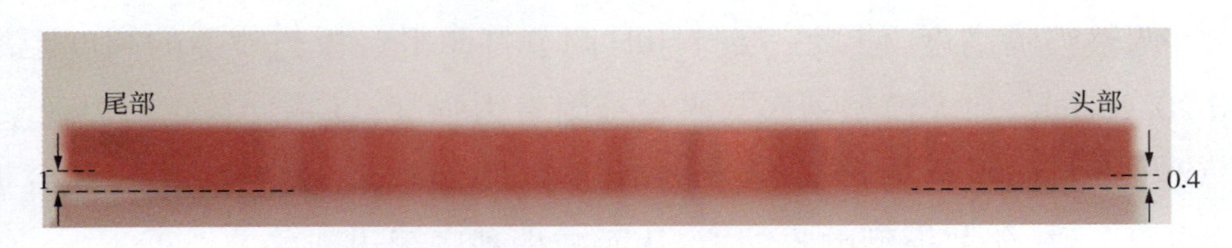

图 5.33 鳄鱼模型 3D 打印成形件在高度方向的翘曲变形

(2)分析

收缩不均匀,容易导致塑件翘曲变形。鳄鱼模型尾部(见图5.34)为尖角,与空气接触面积大,热传导和对流的散热效果最显著,最容易冷却凝固;而模型主体(见图5.34)体积相对模型尾部较大,散热慢,凝固时间比模型尾部长,凝固过程中,在鳄鱼模型内部产生拉应力,导致鳄鱼模型尾部发生翘曲。与鳄鱼模型尾部相比较,模型头部同样有较大面积与空气接触,但其沿模型主体方向,体积变化不太大,凝固时间相差不大,凝固时产生的收缩较小,因此虽然也发生了翘曲变形,但翘曲量小于鳄鱼模型尾部。

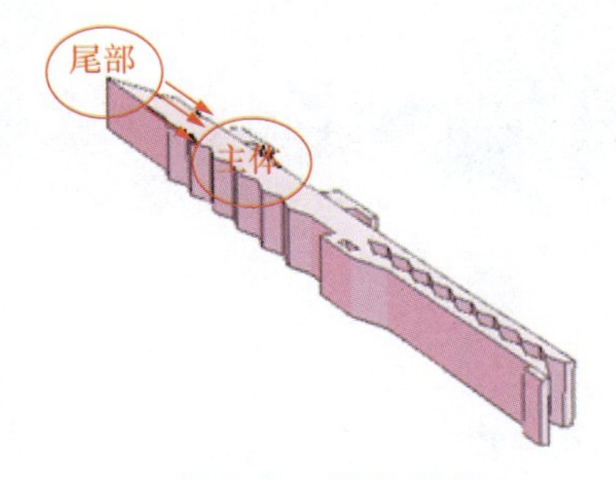

图5.34 鳄鱼模型

(3)解决

为了改善翘曲,首先需要改变环境温度。将室温18 ℃提高至22 ℃,减缓成形过程中鳄鱼模型尾部尖角部位的热传导和对流散热,降低冷却速度,从而减缓该部位凝固收缩应力。另外还从以下三方面进行控制:

①降低3D打印层厚(层厚由0.25 mm减少至0.20 mm),这样可以减少打印的新增层冷却时,新增层底部与顶部间的温差,减少其收缩的不均匀。

②加快成形速度(由默认打印速度40 mm/s改为快速打印速度45 mm/s),这样就减少了同一水平高度上,在长轴方向不同部位的温差,减少了不同部位间的收缩不均匀。

③减少模型内部填充密度,填充模式由“松散”(填充网格为边长2 mm的正方形)改为“中空”(填充网格为边长4 mm的正方形),这样就减少模型内部(尤其是模型主体)的塑料填充量,减少了模型主体区域的打印时间,并加快了模型主体的冷却凝固速度,从而减少了模型主体与模型尾部之间的温差,进而减少了模型主体与模型尾部之间的收缩不均匀。

采用改进工艺参数打印所得模型,如图5.35所示,头部翘曲变形消除,尾部翘曲变形得到明显改善,翘曲量为0.2 mm。

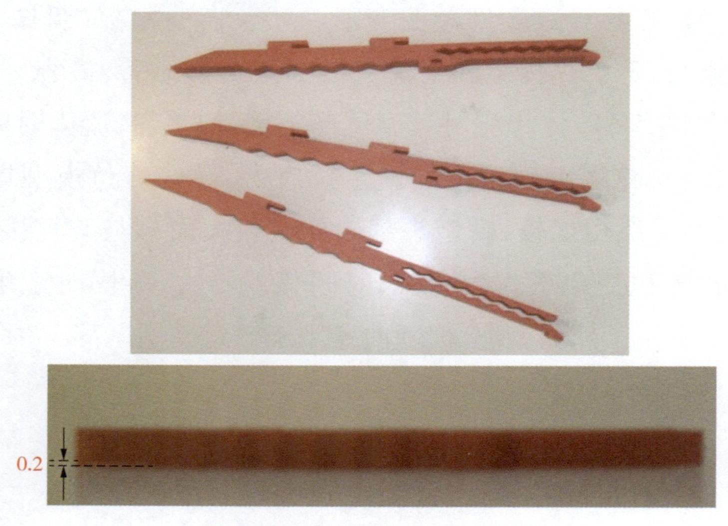

图5.35 鳄鱼模型3D打印成形件

5.2.5 3D打印表面处理

UP Plus 2 3D打印机基于FDM(Fused Deposition Modeling,熔融堆积成形)技术,由喷头挤出的加热材料逐层堆积成型三维产品模型,因此会在模型表面形成层与层之间连接的纹路,如图5.36所示。纹路的粗细取决于层厚,层厚越小,纹理越不明显。但是,打印层厚的减少将增加分层数量,增加打印

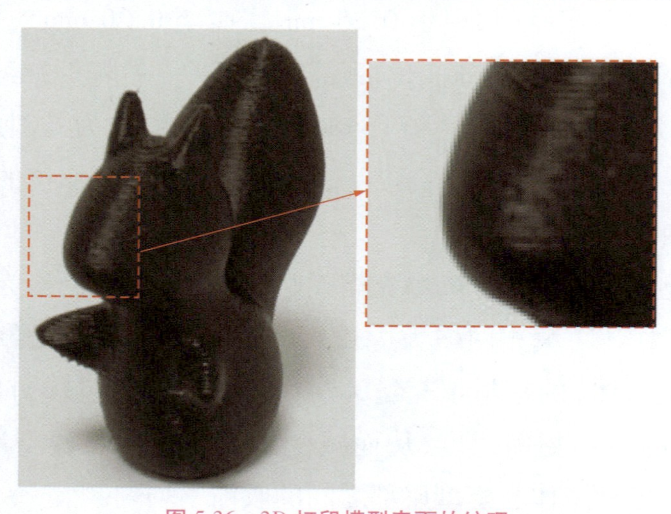

图5.36 3D打印模型表面的纹理

时间和降低打印效率。因此较经济的做法是，选用较大的层厚完成模型的打印，然后通过表面处理光整表面纹路，以实现较短的打印时间和较佳的模型外观质量。

3D 打印模型常见的表面处理方法有，砂纸打磨、喷丸处理、溶剂浸泡和溶剂熏蒸。

(1)砂纸打磨

砂纸打磨，是利用砂纸摩擦去除模型表面的凸起，光整模型表面的纹路。常用的做法是采用水磨砂纸配合水对模型进行打磨，首先用粗砂纸进行粗磨，然后再用细砂纸细磨。ABS 3D 打印模型，一般首先采用 240 目的砂纸粗磨，使得模型表面纹路快速细化；然后采用 300 目的砂纸半精磨，使模型表面的纹路基本消除；最后采用 400 目的砂纸精磨，使模型表面光滑，达到喷漆上油前的要求。

砂纸打磨是一种廉价且行之有效的方法，一直是 3D 打印模型后期表面处理最常用、使用范围最广的技术。

(2)喷丸处理

喷丸处理是指操作人员手持喷枪朝着 3D 打印模型高速喷射介质小珠从而达到表面光滑的效果，如图 5.37 所示。喷丸处理喷射的介质通常是热塑性塑料颗粒，一般在密闭的腔室里进行。喷丸处理 5~10 分钟即可完成，处理过后模型表面光滑，有均匀的亚光效果。

图 5.37 喷丸处理示意图

(3)溶剂浸泡

ABS溶于丙酮、醋酸乙酯、氯仿等绝大多数常见有机溶剂,因此可利用有机溶剂的溶解性对ABS材质的3D打印模型进行表面处理。目前市场可购买专门用于3D打印模型的ABS抛光液。该方法操作简单,将3D打印模型浸泡在溶剂中搅拌,待其表面达到需要的光洁效果,取出即可。

溶剂浸泡能快速消除模型表面的纹路,但要合理控制浸泡时间。时间过短则无法消除模型表面的纹路,时间过长容易出现模型溶解过度,导致模型的细微特征缺失和模型变形。

(4)溶剂熏蒸

与溶剂浸泡类似,蒸气熏蒸也是利用有机溶剂对ABS的溶解性,对3D打印模型进行表面处理;不同之处在于,蒸气熏蒸首先将有机溶液加热形成蒸气,然后将3D打印模型放置在蒸气中,由高温蒸气均匀溶解模型表层的材料,从而获得光洁表面。相对于溶解浸泡,蒸气熏蒸可以均匀地溶解模型表层(理想溶解层厚度约为0.002 mm),因此可以在不显著影响尺寸和形状的前提下获得光洁外观。

【溶剂熏蒸实例】

采用ABS抛光液对松鼠3D打印模型的熏蒸步骤如下:

①准备玻璃容器和铜片托架各一个,向玻璃容器注入20~50 mL的抛光液,模型放置在托架上,如图5.38所示。操作过程需注意做好保护措施,佩戴手套和口罩。

②将玻璃容器放在3D打印工作平台,利用打印平台对玻璃容器进行加热。当加热平台温度升至100 ℃时,容器中的抛光液逐渐变为蒸气,对容器内的松鼠模型进行溶解。注意观察模型表面情况,大约5分钟即可完成表面处理。

③松鼠模型取出风干后,如图5.39所示,模型表面达到镜面效果。

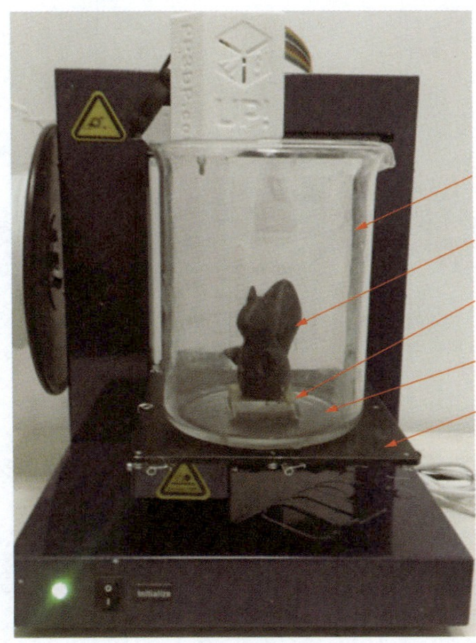

图 5.38 溶剂熏蒸

(a)熏蒸前

(b)熏蒸后

图 5.39 蒸气熏蒸表面效果

任务 5.3 打印技巧

5.3.1 3D 模型摆放位置对打印表面质量的影响

3D 打印是以一定的层厚(分层厚度)逐层堆积成形三维模型,在模型表面不可避免会出现分层的痕迹。分层痕迹主要由分层厚度决定,分层厚度越小,分层痕迹越不明显。分层痕迹还与模型形状及摆放位置有关。某盘盖零件如图 5.40 所示,由圆柱体杆部和圆盘凸缘组成。UP Plus 2 3D 打印机默认打印模型摆放位置如图 5.41(a)所示,圆盘朝下而杆部朝上;而图 5.41(b)所示为编者推荐的打印模型摆放位置,圆柱体杆部与打印平台平行。本任务对上述两种摆放位置的盘盖零件进行了 3D 打印,打印设备为 UP Plus 2 3D 打印机,采用默认打印参数和 ABS 打印耗材进行填充实体模型打印。打印结果如图 5.42 所示,支撑拆除后如图 5.43 所示。

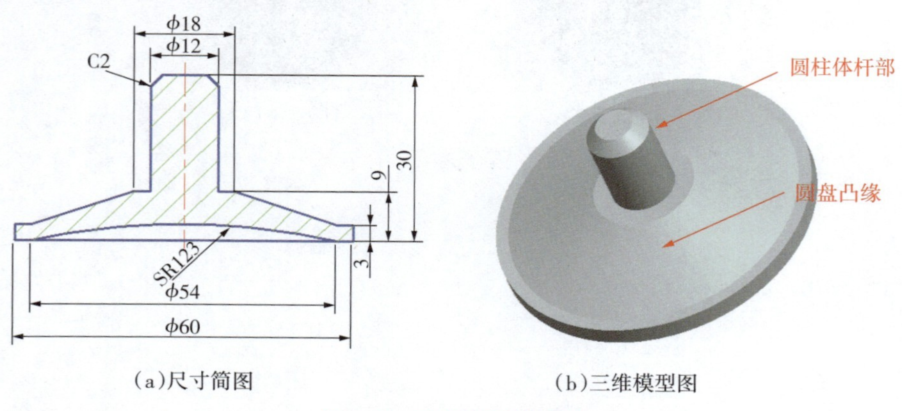

(a)尺寸简图　(b)三维模型图

图 5.40　某盘盖零件模型

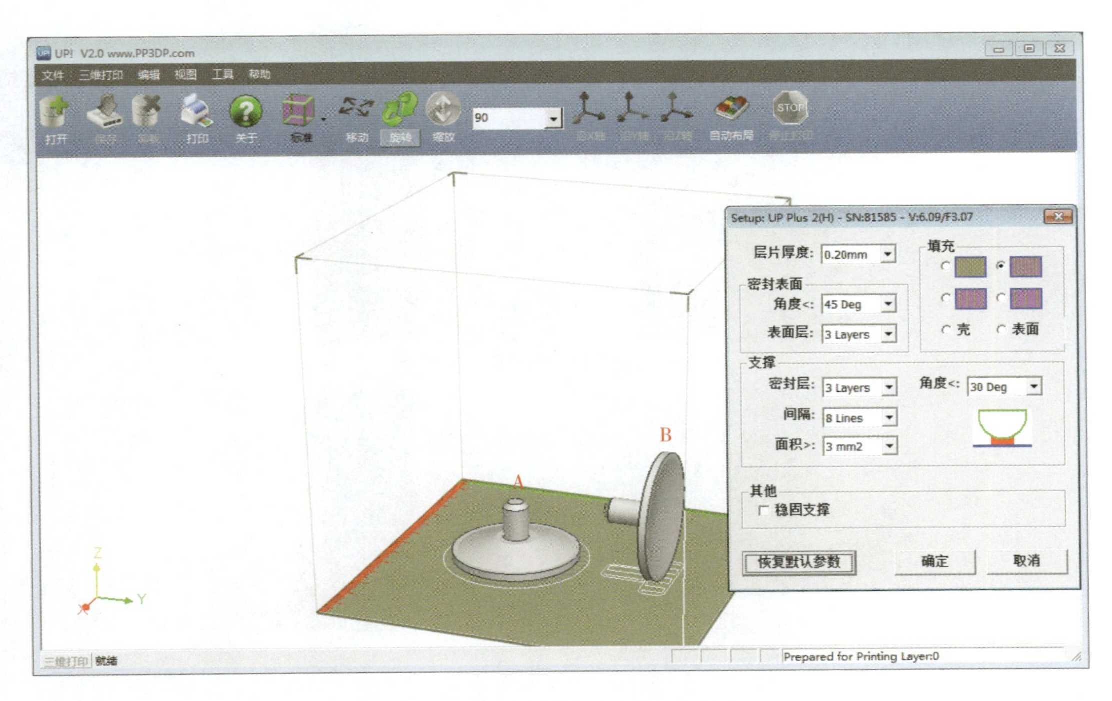

图 5.41　摆放位置与打印工艺参数

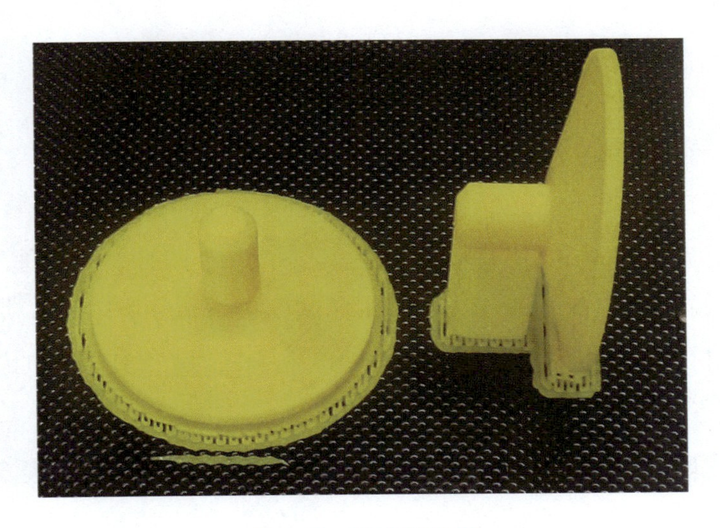

图 5.42　3D 打印结果

由图 5.43 可以看出，默认摆放位置打印所得模型凸缘表面分层痕迹明显，表面质量明显差于编者推荐摆放方式所打印模型。由此可见，在设置打印模型位置时，表面质量要求高的面不宜放在与打印平台平行的位置，而应尽量放在与打印平台垂直的位置。

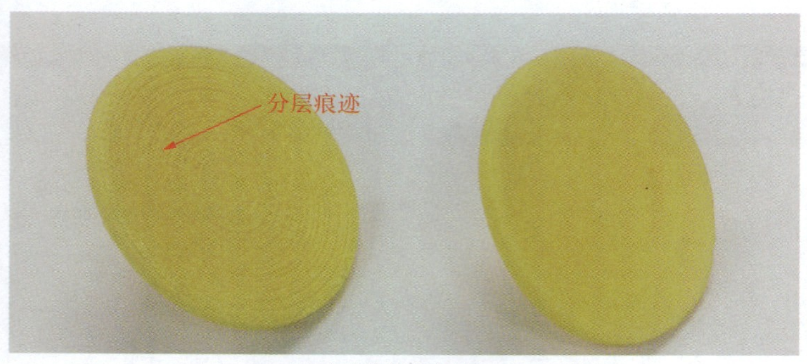

(a)默认位置打印

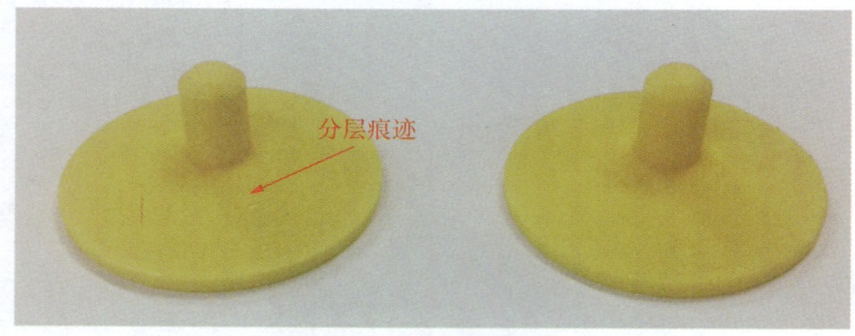

(b)推荐位置打印

图 5.43 3D 打印模型比较

5.3.2 不同方向的 3D 打印尺寸精度

为了了解 UP Plus 2 3D 打印所得模型不同方向的尺寸精度，本任务对边长分别为 10 mm、10. 05 mm、10. 10 mm 和 10. 25 mm 的正方体进行的 3D 打印，采用默认打印参数(如图 5. 44)和 ABS 打印耗材。3D 打印模型(填充实体模型)如图 5. 45 所示。

3D 打印模型分层数目与尺寸测量结果如表 5. 2 所示。由表 5. 2 可见，3D 打印模型 X 向和 Y 向尺寸精度较高，而 Z 向较差。当模型 Z 向尺寸不能被层厚整除时，该向尺寸将出现以下偏差：当 Z 向尺寸分层后剩余厚度小于 0. 5 倍层厚时，系统将忽略该剩余厚度；当 Z 向尺寸分层后剩余厚度等于或大于 0. 5 倍层厚时，系统将增加一层分层数目。因此，3D 打印摆放模型位置时，要求较严格的尺寸应放置应避免放在 Z 方向。

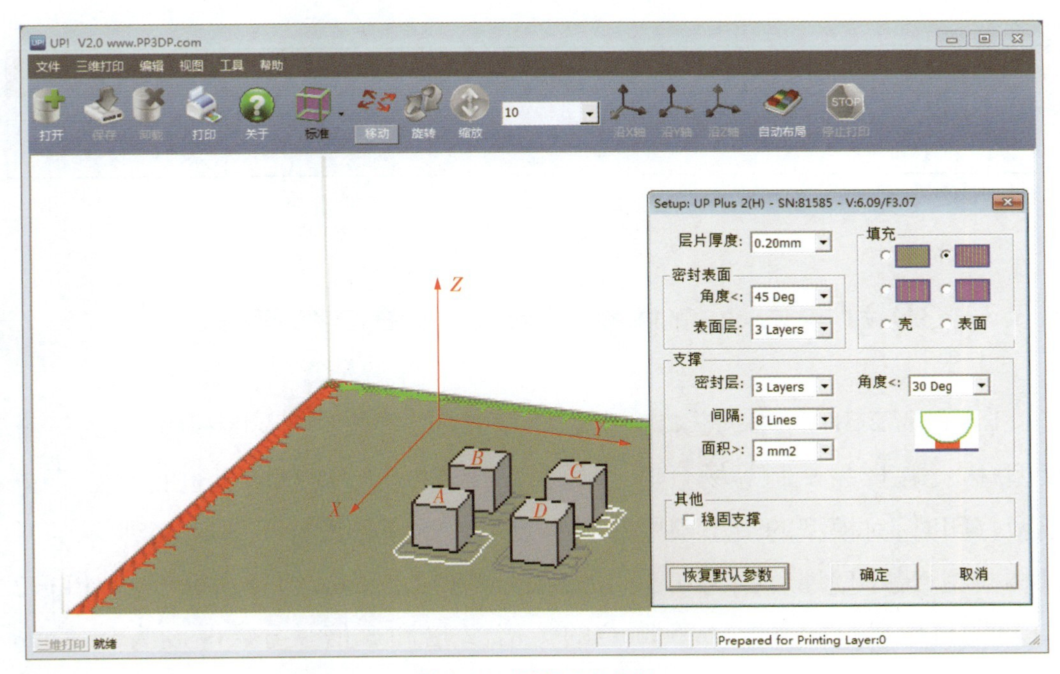

图 5.44 打印工艺参数

图 5.45 3D 打印模型

表 5.2 模型分层数目与尺寸测量结果

序 号	Z 向分层数目	X 向尺寸	Y 向尺寸	Z 向尺寸
A （边长 10.00 mm）	50	10.00	10.00	10.00
B （边长 10.05 mm）	50	10.04	10.04	10.00
C （边长 10.10 mm）	51	10.10	10.10	10.20

续表

序　号	Z 向分层数目	X 向尺寸	Y 向尺寸	Z 向尺寸
D （边长 10.15 mm）	51	10.14	10.16	10.20

5.3.3 3D 打印空心壳体模型对最小壁厚的要求

UP Plus 2 3D 打印机选择空心壳体模式时，可快速打印获得完整的三维模型，因此在样品试制等场合应用较广。UP Plus 2 3D 打印机进行空心壳体模型打印时，对模型的最小壁厚有一定要求。本任务设计了图 5.46 所示的开口杯模型，最小壁厚分别为 0.5 mm、1.0 mm 和 1.5 mm，约分别等于 UP Plus 2 3D 打印机丝材打印宽度（0.5 mm）的 1 倍、2 倍和 3 倍。分层厚度为 0.2 mm 时，丝材打印宽度约为 0.5 mm。

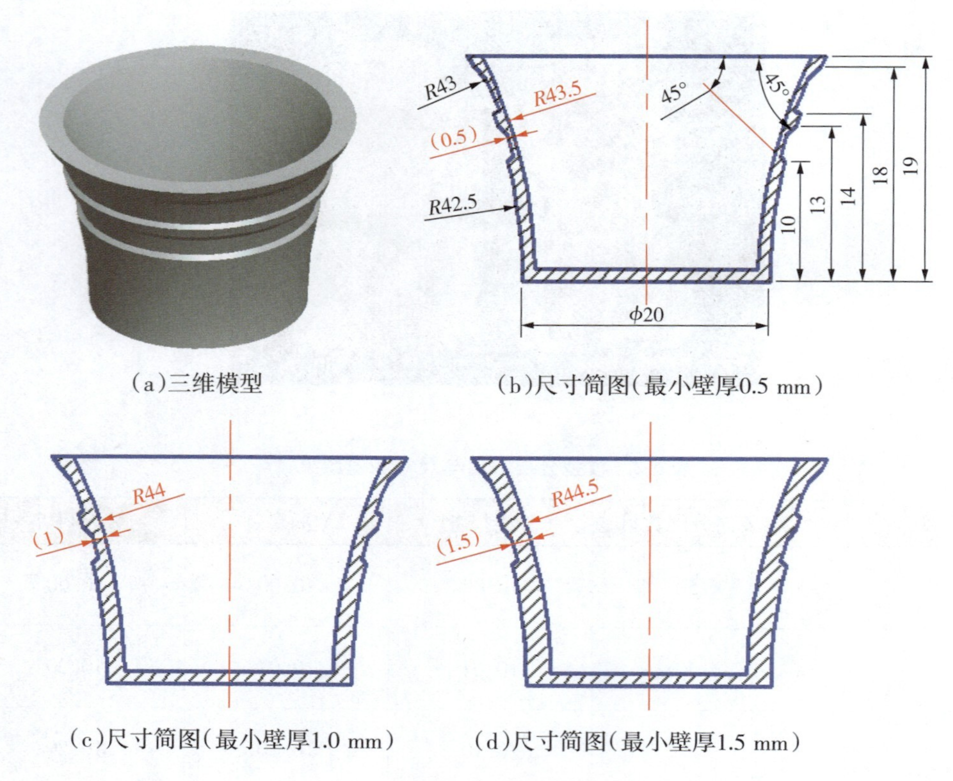

（a）三维模型　（b）尺寸简图（最小壁厚0.5 mm）

（c）尺寸简图（最小壁厚1.0 mm）　（d）尺寸简图（最小壁厚1.5 mm）

图 5.46　开口杯模型

采用默认打印参数(见图 5.47)和 ABS 打印耗材。3D 打印模型(空心壳体模型)如图 5.48 所示。由图 5.48 可见,最小壁厚为 0.5 mm 的模型在最小壁厚处出现了破孔,而在最小壁厚为 1.0 mm 和 1.5 mm 的模型无此现象。

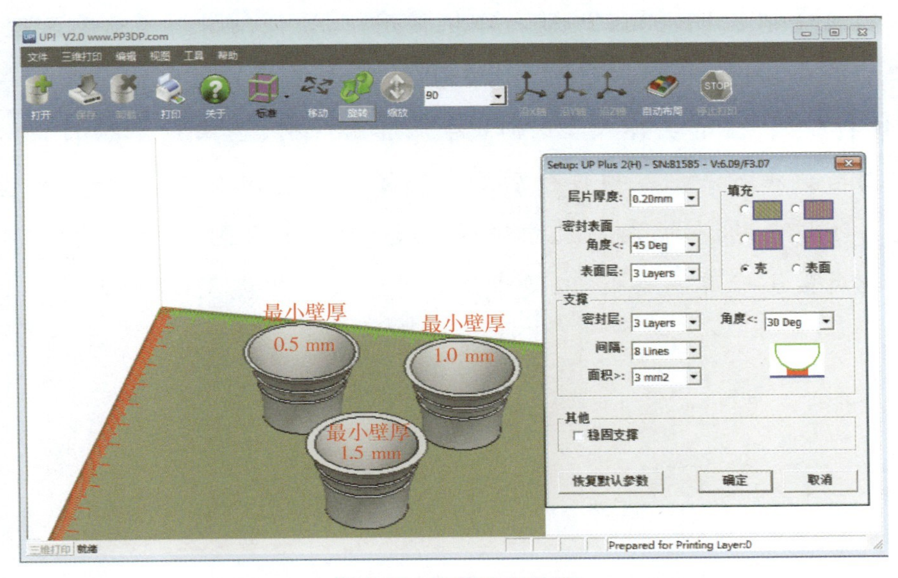

图 5.47 打印工艺参数

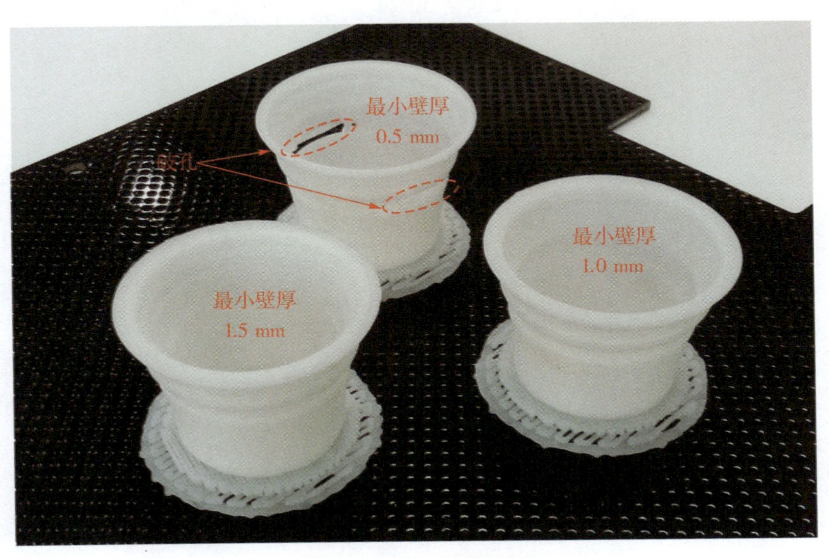

图 5.48 3D 打印模型

项目小结

本项目介绍了UP Plus 2 3D打印机常用维护，详细讲解了喷嘴清理、喷头高度手动调整、打印平台水平校准与垂直校准等任务的具体操作步骤。针对常见3D打印问题（非实体模型、喷嘴停止挤出丝材、翘曲），本项目详细阐述了其起因与解决方法。本项目最后还介绍了几个有用案例，讲解了模型摆放位置对打印质量的影响、打印尺寸精度以及UP Plus 2 3D打印机打印空心壳体模型时对最小壁厚的要求，以便于读者更深入地掌握3D打印技术。

参考文献

[1] 胡亚民.材料成形技术基础[M].2版.重庆:重庆大学出版社,2013.

[2] 王忠宏,李扬帆.3D打印产业的实际态势、困境摆脱与可能走向[J].改革,2013(8):29-36.

[3] 蔡恩泽. 3D打印颠覆传统制造业[J].中国中小企业,2012(11):46-47.

[4] 卢秉恒.打造国家级3D打印研发平台[J].中国经济和信息化,2013(13):45-46.

[5] 编辑部.趋势[J].印刷经理人,2014(2):11-12.

[6] 蒋道新. 3D打印:技术到产业一步之遥?[J].销售与市场:管理版,2013(12):73-75.

[7] 曾子嶒.上帝创造人类打印[J].人物,2013(4):52-55.

[8] 王忠宏,李杨帆,张曼茵.中国3D打印产业的现状及发展思路[J].经济纵横,2013(1):90-93.

[9] Marsh.P. *The New Industrial Revolution: Consumers, Globalization and the End of Mass Prodution*[M]. Yale University Press,2012.

[10] Hod Lipson, Melba Kurman.3D打印:从想象到现实[M].赛迪研究院专家组,译.北京:中信出版社,2013.

[11] 罗军.中国3D打印的未来[M].北京:东方出版社,2014.

[12] Christopher Barnat.3D打印:正在到来的工业革命[M].韩颖,赵俐,译.北京:人民邮电出版社,2014.

[13] Brian Evans.解析3D打印机:3D打印机的科学与艺术[M].程晨,译.北京:机械工业出版社,2014.